Ability 数学

線形代数

飯島 徹穂　編著
岩本 悌治　著

共立出版

まえがき

　本書は，主として工科系の大学，短大の初学年で学習する線形代数の教科書および参考書として書いたものです．近年，大学の入学試験の多様化や高等学校の履修科目の自由選択制などにより，数学 II B で学習するベクトルや数学 III C で学習する行列をまったく履修しないで大学に進学する学生もかなり多くなっているのが現状です．このため高等学校での履修状況に応じてクラス編成した授業科目を開設したり，入学後に基本的な数学の問題を出題して，そのテストの結果で習熟度別にクラス分けをしたり，高校数学の復習をしてから一般教養の必須科目になっている微分積分と線形代数の授業を実施する大学もかなりあるようです．

　それでも線形代数をすでに履修した学生から，"固有値を求める計算は一応できるが，求まった固有値・固有ベクトルの値の意味がわからない" という言葉をよく耳にします．そこでベクトル，行列，行列式，線形変換，固有値の各章のはじめにはその意味をわかりやすく，できるだけ図を用いて説明するようにしました．

　また，高校数学の復習をする時間がとれなくても，直感的に理解しやすい平面ベクトルから始め，ベクトルと行列について基本的・基礎的な部分からわかりやすく簡潔に説明し，例や問も高校数学で扱うレベルから多数とりあげました．さらに，学習を支援するため側注へ補足説明，間違いやすい例，誤用例，ヒント，特殊記号などの読み方，計算上必要な公式などを記載しました．付録には線形代数でよく使われるベクトル，行列，行列式，連立 1 次方程式，線形変換，固有値などの公式集を収録しました．

　なお，本書の執筆，編集にあたっては，多くの優れた線形代数の教科書，演習書，インターネットのウェブサイトを参考にさせていただきました．これらの著者のみなさまには深く感謝いたします．また，共立出版株式会社の石井徹也氏，松本和花子氏には企画・編集・出版でたいへんお世話になり，お礼申し上げます．

2006 年 12 月

飯島徹穂

目次

第1章　ベクトル
- 1.1　ベクトルとその意味 ... 1
- 1.2　ベクトルの和・差・実数倍 ... 4
- 1.3　ベクトルの成分 ... 8
- 1.4　ベクトルの1次独立と1次従属 ... 12
- 1.5　ベクトルの内積 ... 14
- 1.6　ベクトルの外積 ... 19
- 練習問題 ... 23

第2章　行列
- 2.1　行列とその意味 ... 25
- 2.2　行列の和・差・実数倍 ... 29
- 2.3　行列の積 ... 31
- 2.4　逆行列 ... 38
- 2.5　行列の基本変形と逆行列 ... 40
- 2.6　行列の多項式 ... 44
- 練習問題 ... 47

第3章　行列式
- 3.1　行列式とその意味 ... 49
- 3.2　行列式の性質 ... 53
- 3.3　行列式の展開 ... 58
- 3.4　逆行列と行列式 ... 60
- 練習問題 ... 64

第4章　連立1次方程式
- 4.1　逆行列を用いた解法 ... 67
- 4.2　掃き出し法を用いた解法 ... 70
- 4.3　階段行列と階数 ... 76
- 4.4　連立1次方程式の解の存在と階数 ... 79
- 4.5　クラメールの公式 ... 85
- 練習問題 ... 89

第5章	線形変換	5.1	線形変換とその意味	91
		5.2	合成変換と逆変換	95
		5.3	いろいろな1次変換	98
			練習問題	104
第6章	固有値	6.1	固有値とその意味	105
		6.2	固有値と固有ベクトルの計算	107
		6.3	対称行列の固有値と固有ベクトルの性質	111
		6.4	行列の対角化	115
		6.5	対角化と行列の n 乗	122
			練習問題	126

問の解答 127

練習問題の解答 135

付録 145
    公式集 145
    ギリシャ文字とその読み方 150

索 引 151

第1章

ベクトル

1.1 ベクトルとその意味

平面上や空間内で物体や図形の移動を表現したり，速度，加速度，力などの大きさ，方向や向きは矢線 ↗ で表すとわかりやすく，便利でしょう．矢線 → の向きで移動する方向を，矢線の長さで移動する距離や速度，加速度の大きさを表すのです．線分 AB に A から B への向きを付けて考えるとき，この線分を**有向線分**（oriented segment）AB といい，A をこの有向線分の**始点**（initial point），B をその**終点**（terminal point）といいます．有向線分で表される量を，位置の違いを考えないで，その向きと大きさだけに着目したものを**ベクトル**（vector）または**矢線ベクトル**（arrow vector）ともいいます．

> ↻ 向き（sense）と方向（direction）とは正しくは異なるが，通常は「向き」と「方向」をはっきり区別しないで，まとめていうことが多い．向きは A から B に向かう A→B の向きのことであるが，方向とは，上下，左右，東西，南北などの意味である．したがって，1 つの方向には，2 つの向きがある．

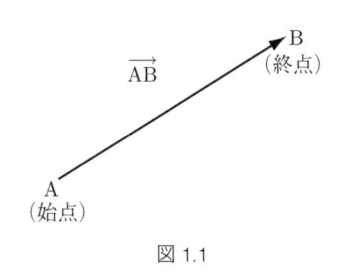

図 1.1

有向線分 AB で表されるベクトルを，記号

$$\overrightarrow{AB}$$

で書き，向きは A から B に向かう方向とします．

ベクトルを 1 つの文字で表す場合には，文字の上に矢印を付けて

$$\vec{a}, \vec{b}, \vec{c}, \cdots$$

で表し，その他，ボールド体（太文字）のアルファベットの小文字

$$a, b, c, \cdots, x, y, z, \cdots$$

なども用います．

また，ベクトル $\vec{a}$ の大きさを $\vec{a}$ の絶対値といい，$|\vec{a}|$ で表します．特に大きさ 1 のベクトルを**単位ベクトル**（unit vector），または**正規化されたベクトル**（normalized vector）といいます．有向線分の始点 A と終点 B が一致する場合も，大きさ 0（ゼロ）のベクトルを考えて，**零ベクトル**（zero vector）といい，記号 $\vec{0}$ または $\mathbf{0}$（太字）で表します．

⬅ 図形的な零ベクトルの意味は点を表す．

このようにベクトルは向きと大きさだけに着目したものですから，1 つのベクトルを表す有向線分は無数にあります．ただし，ある与えられた点を始点とするベクトルはただ 1 つだけです．

向きが同じで大きさの等しい 2 つのベクトル $\vec{a}, \vec{b}$ は**等しい**といい

$$\vec{a} = \vec{b}$$

と書きます．また，2 つの有向線分 $\overrightarrow{AB}$ と $\overrightarrow{CD}$ が

$$\overrightarrow{AB} = \overrightarrow{CD}$$

ということは，有向線分 $\overrightarrow{AB}$ を平行移動して有向線分 $\overrightarrow{CD}$ に重ねることができるということです．したがって，図 1.2 のように平行移動して重ねると，一般的には平行四辺形（ABDC）になります．

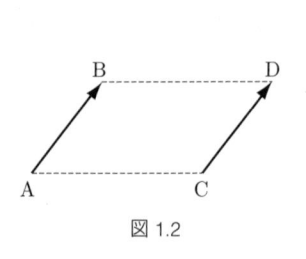

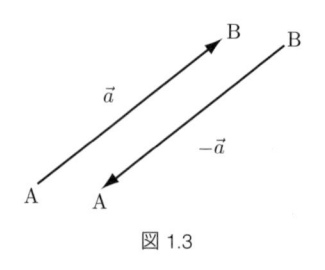

図 1.2   図 1.3

また，図 1.3 のように，ベクトル $\vec{a} = \overrightarrow{AB}$ と大きさが等しく，向きが反対のベクトルを $\vec{a}$ の**逆ベクトル**（inverse vector）といい，$-\vec{a} = \overrightarrow{BA}$ で表します．したがって

$$\overrightarrow{BA} = -\overrightarrow{AB}$$

と書くことができます．

平面に直交座標 O-x, y が定められているとき，ベクトル $\vec{a}$ は図 1.4 のように O=(0,0) を始点，点 A(a_1, a_2) を終点とする有向線分 $\overrightarrow{OA}$ でそのベクトルを表すことができます．点 A の座標 (a_1, a_2) を与えると有向線

⬅ 原点（origin）

図 1.4

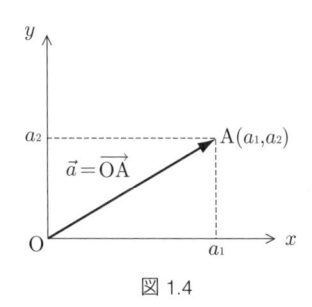

分 $\overrightarrow{OA}$ が決まり，ベクトル $\vec{a}$ が定まりますから，このベクトル $\vec{a}$ を点 A の**位置ベクトル**（position vector）ともいいます．このことは，位置ベクトルが終点 A の座標 (a_1, a_2) で表されることを意味しています．

ベクトルはこのような有向線分だけではなく

$$(2,3) \text{ または } \begin{pmatrix} 2 \\ 3 \end{pmatrix}, \quad (2,3,4) \text{ または } \begin{pmatrix} 2 \\ 3 \\ 4 \end{pmatrix}$$

のような数字の組み合わせもベクトルと呼びます．このような数字をならべたものを**数ベクトル**（numerical vector）といい，数ベクトルは矢線ベクトルに対応する実数の組を異なった形式で表現したものといえるでしょう．

たとえば

$$\vec{a} = \begin{pmatrix} 6 \\ 3 \end{pmatrix}, \quad \vec{b} = \begin{pmatrix} 1 \\ 5 \end{pmatrix}, \quad \vec{c} = \begin{pmatrix} 5 \\ 7 \end{pmatrix}$$

このように，2つの数字の組み合わせは2次元の平面上に，3つの数字の組み合わせは3次元の空間内に長さと方向をもった矢線ベクトルと同

⬅ 点 A, B の位置ベクトルをそれぞれ，$\vec{a}, \vec{b}$ とすると

$$\overrightarrow{AB} = \overrightarrow{OB} - \overrightarrow{OA} = \vec{b} - \vec{a}$$

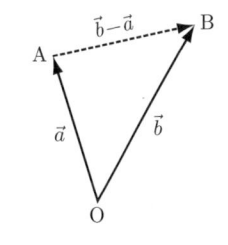

図 1.5

じ意味をもつことになります．

一般に，n 個の数 $a_1, a_2, \cdots, a_n$ の組を

$$\begin{pmatrix} a_1, a_2, \cdots, a_n \end{pmatrix} \text{ または } \begin{pmatrix} a_1 \\ a_2 \\ \vdots \\ a_n \end{pmatrix}$$

と表し，ここで数ベクトルを構成している a_i $(i = 1, 2, \cdots, n)$ をベクトルの**成分**（component）または**要素**といいます．数ベクトルを

$$\begin{pmatrix} a_1, a_2, \cdots, a_n \end{pmatrix}$$

の形で表したとき，この数ベクトルを**行ベクトル**（row vector）または**横ベクトル**といい，また

$$\begin{pmatrix} a_1 \\ a_2 \\ \vdots \\ a_n \end{pmatrix}$$

の形で表したとき，この数ベクトルを**列ベクトル**（column vector）または**縦ベクトル**といいます．

このように向きと大きさをもったベクトルで表される量（ベクトル量）には，物理量として，変位，速度，加速度，力，電場の強さ，磁場の強さなどがあります．ベクトルに対して，向きと大きさをもたない普通の数（実数）を**スカラー**（scalar）といい，スカラー量には面積，体積，質量，温度，電位などがあります．

> ↶ スカラー量とは実数で表すことのできる量のことで，scalar はラテン語の目盛を意味する scala が語源．

1.2 ベクトルの和・差・実数倍

1.2.1 ベクトルの和

2 つのベクトル $\vec{a} = \overrightarrow{AB}, \vec{b} = \overrightarrow{BC}$ があって，図 1.6 のように，$\vec{b}$ の始点を $\vec{a}$ の終点と一致させ，$\vec{a}$ の始点と $\vec{b}$ の終点を結んだ $\overrightarrow{AC}$ が $\vec{a}$ と $\vec{b}$ の**和**（sum）を表しています．$\vec{a}$ と $\vec{b}$ の和を $\vec{a} + \vec{b}$ と書きます．また，図 1.7 のように点 O を定め，$\vec{a} = \overrightarrow{OA}$ となる点 A，$\vec{b} = \overrightarrow{OB}$ となる点 B をとると，OA, OB を 2 辺とする平行四辺形 OACB が書けます．このとき $\overrightarrow{OC} = \vec{a} + \vec{b}$ となり，図から明らかなように $\vec{a} + \vec{b} = \vec{b} + \vec{a}$ であることがわかります．これを**平行四辺形の法則**（law of parallelogram）といいます．

矢線ベクトルの和については次の交換法則と結合法則が成り立ちます．

1.2 ベクトルの和・差・実数倍

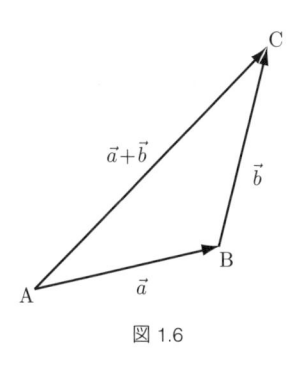

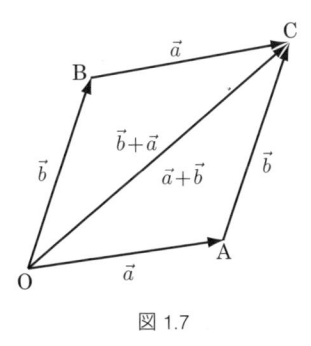

図 1.6

図 1.7

1) 交換法則　$\vec{a} + \vec{b} = \vec{b} + \vec{a}$
2) 結合法則　$(\vec{a} + \vec{b}) + \vec{c} = \vec{a} + (\vec{b} + \vec{c})$（図 1.8）

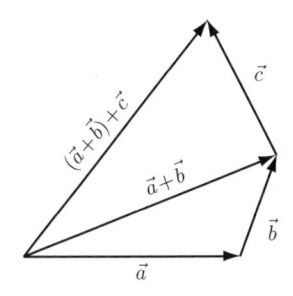

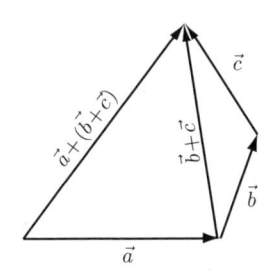

図 1.8　結合法則

また，2 つの数ベクトルの和は 2 つのベクトル $\vec{a} = (a_1, a_2, a_3)$, $\vec{b} = (b_1, b_2, b_3)$ が同じ次元のとき定義され，$\vec{a}$ と $\vec{b}$ を加えると

$$\vec{a} + \vec{b} = \begin{pmatrix} a_1 \\ a_2 \\ a_3 \end{pmatrix} + \begin{pmatrix} b_1 \\ b_2 \\ b_3 \end{pmatrix} = \begin{pmatrix} a_1 + b_1 \\ a_2 + b_2 \\ a_3 + b_3 \end{pmatrix}$$

◉ 同じ次元 = 成分の数が等しい．

例　1.1

$\vec{a} = \begin{pmatrix} 6 \\ 7 \\ 8 \end{pmatrix}$, $\vec{b} = \begin{pmatrix} 1 \\ 3 \\ 5 \end{pmatrix}$ のとき，$\vec{a} + \vec{b} = \begin{pmatrix} 6+1 \\ 7+3 \\ 8+5 \end{pmatrix} = \begin{pmatrix} 7 \\ 10 \\ 13 \end{pmatrix}$

1.2.2　ベクトルの差

ベクトル $\vec{a}$ と $\vec{b}$ において，$\vec{b} + \vec{c} = \vec{a}$ を満足するベクトル $\vec{c}$ を，$\vec{a}$ と $\vec{b}$

図 1.9

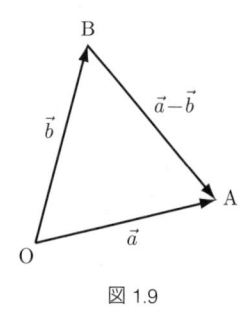

の差（difference）といい，$\vec{a}-\vec{b}$ と書きます．（図 1.9）

矢線ベクトルの差については次のことが成り立ちます．

1) $\vec{a}-\vec{b}=\vec{a}+(-\vec{b})$
2) $\vec{a}-\vec{a}=\vec{0}$

▶ 零ベクトルに関しては次のことが成り立つ．
1) $\vec{a}+(-\vec{a})=\vec{0}$
2) $\vec{a}+\vec{0}=\vec{a}$

また，数ベクトルの差は，2 つのベクトル $\vec{a}=(a_1,a_2,a_3), \vec{b}=(b_1,b_2,b_3)$ が同じ次元のとき定義され，$\vec{a}$ から $\vec{b}$ を引き算すると

$$\vec{a}-\vec{b}=\begin{pmatrix}a_1\\a_2\\a_3\end{pmatrix}-\begin{pmatrix}b_1\\b_2\\b_3\end{pmatrix}=\begin{pmatrix}a_1-b_1\\a_2-b_2\\a_3-b_3\end{pmatrix}$$

例 1.2

$$\vec{a}=\begin{pmatrix}6\\7\\8\end{pmatrix},\quad \vec{b}=\begin{pmatrix}1\\3\\5\end{pmatrix} \text{ のとき，}\quad \vec{a}-\vec{b}=\begin{pmatrix}6-1\\7-3\\8-5\end{pmatrix}=\begin{pmatrix}5\\4\\3\end{pmatrix}$$

1.2.3 ベクトルの実数倍

ベクトル $\vec{a}$ と実数 k に対して，$\vec{a}$ の **実数倍**（スカラー倍）k 倍を次のように定めます．

- $\vec{a}\neq\vec{0}$ のとき，実数倍 $k\vec{a}$ は
  1) $k>0$ ならば，$\vec{a}$ と向きが同じで，大きさが k 倍のベクトル
  2) $k<0$ ならば，$\vec{a}$ と向きが反対で，大きさが $|k|$ 倍のベクトル
  3) $k=0$ ならば，零ベクトル $\vec{0}$
- $\vec{a}=\vec{0}$ のとき，実数倍 $k\vec{a}$ は $k\vec{0}=\vec{0}$

また，ベクトル $\vec{a}=(a_1,a_2,a_3)$ のとき，$\vec{a}$ の実数倍 $k\vec{a}$ は

$$k\vec{a} = k\begin{pmatrix} a_1 \\ a_2 \\ a_3 \end{pmatrix} = \begin{pmatrix} ka_1 \\ ka_2 \\ ka_3 \end{pmatrix}$$

例 1.3

$$3\begin{pmatrix} 1 \\ 3 \\ 5 \end{pmatrix} = \begin{pmatrix} 3 \\ 9 \\ 15 \end{pmatrix}, \quad -2\begin{pmatrix} 1 \\ 3 \\ 5 \end{pmatrix} = \begin{pmatrix} -2 \\ -6 \\ -10 \end{pmatrix}$$

ベクトルの和・差・実数倍の計算法則

1) 交換法則　$\vec{a} + \vec{b} = \vec{b} + \vec{a}$
2) 結合法則　$(\vec{a} + \vec{b}) + \vec{c} = \vec{a} + (\vec{b} + \vec{c})$
3) $k(l\vec{a}) = (kl)\vec{a}$　(k, l は実数)
4) 分配法則　$(k + l)\vec{a} = k\vec{a} + l\vec{a}, \ k(\vec{a} + \vec{b}) = k\vec{a} + k\vec{b}$

このようにベクトルの計算は普通の文字式と同じように計算することができます．

●ベクトルの平行条件

ゼロベクトル $\vec{0}$ でない 2 つのベクトル $\vec{a} = (a_1, a_2, a_3)$ と $\vec{b} = (b_1, b_2, b_3)$ が平行であるとき，2 つのベクトル $\vec{a}$ と $\vec{b}$ の平行条件は

$$\vec{a} \parallel \vec{b} \iff \vec{b} = k\vec{a}$$

または

$$\vec{a} \parallel \vec{b} \iff \frac{a_1}{b_1} = \frac{a_2}{b_2} = \frac{a_3}{b_3}$$

となります．

ただし，$\vec{a} \parallel \vec{b}$ は 2 つのベクトル $\vec{a}, \vec{b}$ が平行であることを表す記号です．

例 1.4

ベクトル $\vec{a} = (x + 1, -6)$ と $\vec{b} = (2, -x)$ とが平行であるとき，実数 x の値を求めてみましょう．

$\vec{a}$ と $\vec{b}$ が平行であるから，$\vec{b} = k\vec{a}$ となる実数 k がある．

$(2, -x) = k(x + 1, -6)$

$(2, -x) = (kx + k, -6k)$

> ↪ 2 つのベクトルが一直線上にあるときにも，平行として扱うこともある．一直線上にあるときはベクトルの始点または終点の 1 つが共通になっている．

よって

$$kx + k = 2 \qquad \cdots (1)$$
$$-6k = -x \qquad \cdots (2)$$

式 (2) を式 (1) に代入して整理すると

$$x^2 + x - 12 = 0$$
$$(x+4)(x-3) = 0$$

であるから，ゆえに

$$x = -4, \quad 3$$

例 1.5

2 つのベクトル $\vec{a} = (a_1, a_2, a_3)$ と $\vec{b} = (b_1, b_2, b_3)$ の和についての分配法則 $k(\vec{a} + \vec{b}) = k\vec{a} + k\vec{b}$ を証明してみましょう．

$$k\left\{\begin{pmatrix} a_1 \\ a_2 \\ a_3 \end{pmatrix} + \begin{pmatrix} b_1 \\ b_2 \\ b_3 \end{pmatrix}\right\} = k\begin{pmatrix} a_1 + b_1 \\ a_2 + b_2 \\ a_3 + b_3 \end{pmatrix} = \left\{\begin{pmatrix} k(a_1 + b_1) \\ k(a_2 + b_2) \\ k(a_3 + b_3) \end{pmatrix}\right\}$$
$$= \begin{pmatrix} ka_1 + kb_1 \\ ka_2 + kb_2 \\ ka_3 + kb_3 \end{pmatrix} = \begin{pmatrix} ka_1 \\ ka_2 \\ ka_3 \end{pmatrix} + \begin{pmatrix} kb_1 \\ kb_2 \\ kb_3 \end{pmatrix} = k\begin{pmatrix} a_1 \\ a_2 \\ a_3 \end{pmatrix} + k\begin{pmatrix} b_1 \\ b_2 \\ b_3 \end{pmatrix} = k\vec{a} + k\vec{b}$$

問 1.1

$3\vec{x} - 2\vec{y} = \vec{a}$, $\vec{x} - \vec{y} = \vec{b}$ を満たす $\vec{x}, \vec{y}$ を $\vec{a}, \vec{b}$ で表してみよう．

問 1.2

$$\vec{a} = \begin{pmatrix} 3 \\ -5 \\ 8 \end{pmatrix}, \quad \vec{b} = \begin{pmatrix} 4 \\ 2 \\ -7 \end{pmatrix}, \quad \vec{c} = \begin{pmatrix} -5 \\ 3 \\ 0 \end{pmatrix}$$

の 3 つのベクトルについて，次の計算をしてみよう．

1) $\vec{a} + 2\vec{b} - \vec{c}$ 　　2) $3\vec{a} - \vec{b} - \vec{c}$

1.3　ベクトルの成分

座標平面上で，x 軸，y 軸の正の向きの単位ベクトル（大きさが 1）を，

1.3 ベクトルの成分

基本ベクトル（fundamental vectors）といい，x 軸方向の基本ベクトルを $\vec{e_1}$，y 軸方向の基本ベクトルを $\vec{e_2}$ で表します．

座標平面上のベクトル $\vec{a}$ に対して，$\vec{a} = \overrightarrow{OA}$ である点 A の座標が (a_1, a_2) のとき，$\vec{a}$ は図 1.10 に示されるように

$$\vec{a} = a_1 \vec{e_1} + a_2 \vec{e_2}$$

のように表されます．

◐ x, y, z 軸方向の基本ベクトルをそれぞれ $\vec{e_1}, \vec{e_2}, \vec{e_3}$ で表すが，工学分野では i, j, k がよく用いられる．

◐ $\vec{e_1} = \begin{pmatrix} 1 \\ 0 \end{pmatrix}, \vec{e_2} = \begin{pmatrix} 0 \\ 1 \end{pmatrix}$

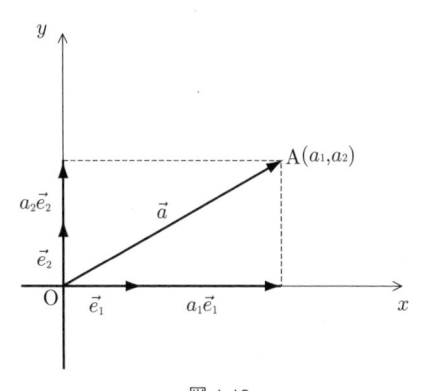

図 1.10

この $\vec{a}$ を

$$\vec{a} = (a_1, a_2)$$

のようにも書きます．

a_1, a_2 を，それぞれベクトル $\vec{a}$ の x 成分，y 成分，まとめて $\vec{a}$ の成分（component）といい，$\vec{a} = (a_1, a_2)$ を，ベクトル $\vec{a}$ の成分表示といいます．

例 1.6

平面ベクトル $\vec{a} = (a_1, a_2), \vec{b} = (b_1, b_2)$ の成分表示を用いて，$\vec{a}$ と $\vec{b}$ の和，差，実数倍を求めてみましょう．

$\vec{a} = (a_1, a_2), \vec{b} = (b_1, b_2)$ は基本ベクトル $\vec{e_1}, \vec{e_2}$ を用いて

$$\vec{a} = a_1 \vec{e_1} + a_2 \vec{e_2}, \quad \vec{b} = b_1 \vec{e_1} + b_2 \vec{e_2}$$

と表されるから，和と差は

$$\vec{a} + \vec{b} = (a_1 + b_1)\vec{e_1} + (a_2 + b_2)\vec{e_2}$$

$$\vec{a} - \vec{b} = (a_1 - b_1)\vec{e_1} + (a_2 - b_2)\vec{e_2}$$

したがって，これらを成分表示すると

$$\vec{a} + \vec{b} = (a_1, a_2) + (b_1, b_2) = (a_1 + b_1, a_2 + b_2)$$
$$\vec{a} - \vec{b} = (a_1, a_2) - (b_1, b_2) = (a_1 - b_1, a_2 - b_2)$$

となります．また，k を実数とするとき，実数倍は

$$k\vec{a} = (ka_1)\vec{e_1} + (ka_2)\vec{e_2}$$

であるから

$$k(a_1, a_2) = (ka_1, ka_2)$$

となります．

このような2つ並べた実数の組は平面上のベクトルですから，**2次元数ベクトル（平面ベクトル）**といい，$\vec{a}$ の大きさは，三平方の定理から

$$|\vec{a}| = \sqrt{a_1{}^2 + a_2{}^2}$$

で与えられます．

⬅ 三平方の定理はピタゴラスの定理（Pythagorean theorem）ともいう．

ここで，具体的に $\vec{a} = (3, 2)$，$\vec{b} = (-2, 1)$ のときの $3\vec{a} - 2\vec{b}$ の成分と大きさを求めてみましょう．

$$3\vec{a} - 2\vec{b} = 3(3, 2) - 2(-2, 1) = (9, 6) - (-4, 2) = (13, 4)$$

大きさは，$|3\vec{a} - 2\vec{b}| = \sqrt{13^2 + 4^2} = \sqrt{185}$

例 1.7

空間ベクトル $\vec{a} = (a_1, a_2, a_3)$，$\vec{b} = (b_1, b_2, b_3)$ の成分表示を用いて，$\vec{a}$ と $\vec{b}$ の和，差，実数倍は平面ベクトルの場合と同様にして

$$(a_1, a_2, a_3) + (b_1, b_2, b_3) = (a_1 + b_1, a_2 + b_2, a_3 + b_3)$$
$$(a_1, a_2, a_3) - (b_1, b_2, b_3) = (a_1 - b_1, a_2 - b_2, a_3 - b_3)$$
$$k(a_1, a_2, a_3) = (ka_1, ka_2, ka_3)$$

同様に，ベクトル $\vec{a}$ に対応する実数の組 (a_1, a_2, a_3) は

$$\vec{a} = \begin{pmatrix} a_1 \\ a_2 \\ a_3 \end{pmatrix}$$

のように書き表します．このような3つ並べた実数の組は空間のベクトルですから，**3次元数ベクトル（空間ベクトル）**といい，$\vec{a}$ の大きさは

$$|\vec{a}| = \sqrt{a_1{}^2 + a_2{}^2 + a_3{}^2}$$

で与えられます．

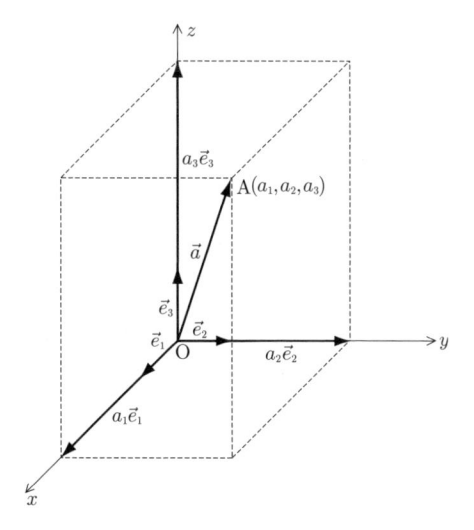

また，空間の 2 点 $A(x_1, y_1, z_1)$, $B(x_2, y_2, z_2)$ を結ぶベクトルは

$$\overrightarrow{AB} = (x_2 - x_1)\vec{e_1} + (y_2 - y_1)\vec{e_2} + (z_2 - z_1)\vec{e_3}$$
$$|\overrightarrow{AB}| = \sqrt{(x_2 - x_1)^2 + (y_2 - y_1)^2 + (z_2 - z_1)^2}$$

例 1.8

$\vec{a} = (-1, 0, 2), \vec{b} = (3, -2, 1), \vec{c} = (2, -3, 6)$ のときの $2\vec{a} - 3\vec{b} + \vec{c}$ の成分と大きさを求めてみましょう．

$$2\vec{a} - 3\vec{b} + \vec{c} = 2(-1, 0, 2) - 3(3, -2, 1) + (2, -3, 6) = (-9, 3, 7)$$

大きさは，$|2\vec{a} - 3\vec{b} + \vec{c}| = \sqrt{(-9)^2 + 3^2 + 7^2} = \sqrt{139}$

問 1.3

$\vec{a} = (3, 2), \vec{b} = (-2, 1)$ のとき，$5(\vec{a} + 3\vec{b}) - 3(\vec{a} + 4\vec{b})$ の成分と大きさを求めてみよう．

問 1.4

$\vec{a} = (2, -1), \vec{b} = (3, -5), \vec{c} = (-4, 1)$ のとき，$3\vec{a} - 2\vec{b} - \vec{c}$ のベクトルの成分と大きさを求めてみよう．

問 1.5

$\vec{a} = (-1, 0, 2), \vec{b} = (3, -2, 1), \vec{c} = (2, -3, 6)$ のとき，$-3\vec{a} - (\vec{c} - \vec{b})$ のベ

クトルの成分と大きさを求めてみよう．

1.4 ベクトルの1次独立と1次従属

n 個のベクトル $\vec{a_1}, \vec{a_2}, \cdots, \vec{a_n}$ に，それぞれ $k_1, k_2, \cdots, k_n$（実数）をかけた和によって表されたベクトル

$$k_1\vec{a_1} + k_2\vec{a_2} + \cdots + k_n\vec{a_n}$$

のことを $\vec{a_1}, \vec{a_2}, \ldots, \vec{a_n}$ の **1次結合**（linear combination）または**線形結合**といい，この1次結合のベクトルを零ベクトルとおいた

$$k_1\vec{a_1} + k_2\vec{a_2} + \cdots + k_n\vec{a_n} = \vec{0}$$

を **1次関係式**（linear relation）といいます．

1次関係式が $k_1 = k_2 = \cdots = k_n = 0$ のときに限って成り立つとき，$\vec{a_1}, \vec{a_2}, \ldots, \vec{a_n}$ は **1次独立**（linearly independent）であるといい，1次関係式が $k_1 = k_2 = \cdots = k_n = 0$ 以外にもあるとき，すなわち，少なくとも1つは0ではない k に対して成り立つときは，**1次従属**（linearly dependent）であるといいます．

1次独立
2つの矢線ベクトル $\vec{a}$ と $\vec{b}$ において1次独立であるとは，$\vec{a}$ から $\vec{b}$ がつくれない（影響を受けない）ことであるから原点 O を始点として次のように描ける．

1次従属
2つの矢線ベクトル $\vec{a}$ と $\vec{b}$ において1次従属であるとは，$\vec{a}$ を k 倍して $\vec{b}$ がつくれることであるから原点 O を始点として次のように描ける．

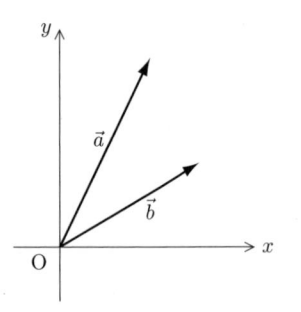

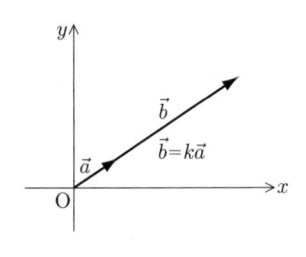

例 1.9

次の2つのベクトルは1次従属か，1次独立かを判定してみましょう．

$$\vec{a_1} = \begin{pmatrix} 8 \\ 4 \end{pmatrix}, \quad \vec{a_2} = \begin{pmatrix} 12 \\ 6 \end{pmatrix}$$

1次関係式

$$k_1\vec{a_1} + k_2\vec{a_2} = \vec{0}$$

に代入すると

$$k_1\begin{pmatrix}8\\4\end{pmatrix} + k_2\begin{pmatrix}12\\6\end{pmatrix} = \begin{pmatrix}0\\0\end{pmatrix}$$

であるから，連立方程式

$$\begin{cases} 8k_1 + 12k_2 = 0 \\ 4k_1 + 6k_2 = 0 \end{cases}$$

が得られます．これから $2k_1 + 3k_2 = 0$ となります．ここで $k_2 = -2$ とおくと $k_1 = 3$ のとき，1次関係式が $k_1\vec{a_1} + k_2\vec{a_2} = \vec{0}$ となり，$k_1 = k_2 = 0$ 以外でも成り立つので2つのベクトルは1次従属になります．

↶ ベクトル

$$\vec{a} = \begin{pmatrix}a\\c\end{pmatrix}, \quad \vec{b} = \begin{pmatrix}b\\d\end{pmatrix}$$

が1次従属か，1次独立かは，$ad - bc = 0$ のとき $\vec{a}$ と $\vec{b}$ は1次従属，$ad - bc \neq 0$ のとき $\vec{a}$ と $\vec{b}$ は1次独立であると判定できる．
たとえば

$$\vec{a_1} = \begin{pmatrix}8\\4\end{pmatrix}, \quad \vec{a_2} = \begin{pmatrix}12\\6\end{pmatrix}$$

のときは $ad - bc = 48 - 48 = 0$ であるから，ベクトル $\vec{a_1}$ と $\vec{a_2}$ は1次従属である．

例 1.10

次の3つのベクトルが1次従属であることを調べてみましょう．

$$\vec{a_1} = \begin{pmatrix}1\\2\\3\end{pmatrix}, \quad \vec{a_2} = \begin{pmatrix}1\\3\\5\end{pmatrix}, \quad \vec{a_3} = \begin{pmatrix}4\\3\\2\end{pmatrix}$$

1次関係式 $k_1\vec{a_1} + k_2\vec{a_2} + k_3\vec{a_3} = \vec{0}$ とします．

$$k_1\begin{pmatrix}1\\2\\3\end{pmatrix} + k_2\begin{pmatrix}1\\3\\5\end{pmatrix} + k_3\begin{pmatrix}4\\3\\2\end{pmatrix} = \begin{pmatrix}0\\0\\0\end{pmatrix}$$

より

$$\begin{cases} k_1 + k_2 + 4k_3 = 0 \\ 2k_1 + 3k_2 + 3k_3 = 0 \\ 3k_1 + 5k_2 + 2k_3 = 0 \end{cases}$$

これを解くと $k_1 = -9k_3$, $k_2 = 5k_3$ となります．

ここで，$k_3 = 1$ とおくと，$k_1 = -9$, $k_2 = 5$, $k_3 = 1$ を解の一つとしたとき $-9\vec{a_1} + 5\vec{a_2} + \vec{a_3} = \vec{0}$ が成り立つので，これらのベクトル $\vec{a_1}, \vec{a_2}, \vec{a_3}$ は互いに1次従属となります．

このようにベクトルの1次独立と1次従属は，$k_1, k_2, \ldots, k_n$ に対する連立1次方程式を解くことで調べることができます．

↶ $\begin{pmatrix}k_1\\k_2\\k_3\end{pmatrix} = \begin{pmatrix}-9\\5\\1\end{pmatrix}k_3$

| 問 | 1.6 |

次の各組のベクトルについて，1次従属か，1次独立かを判定してみよう．

1) $\begin{pmatrix} 1 \\ -1 \\ 0 \end{pmatrix}, \begin{pmatrix} 1 \\ 3 \\ -1 \end{pmatrix}, \begin{pmatrix} 5 \\ 3 \\ -2 \end{pmatrix}$ 2) $\begin{pmatrix} 6 \\ 2 \\ 3 \end{pmatrix}, \begin{pmatrix} 0 \\ 5 \\ -3 \end{pmatrix}, \begin{pmatrix} 0 \\ 0 \\ 7 \end{pmatrix}$

← 空間の3つのベクトル $\vec{a}, \vec{b}, \vec{c}$ が1次独立であるときは，これら3つのベクトルが原点を通る同一平面上にはないときである．

1.5 ベクトルの内積

2つのベクトル $\vec{a} = \overrightarrow{OA}$, $\vec{b} = \overrightarrow{OB}$ について，$\vec{a}$ と $\vec{b}$ のなす角を θ ($0° \leq \theta \leq 180°$) とするとき

$|\vec{a}||\vec{b}|\cos\theta$

を $\vec{a}$ と $\vec{b}$ の**内積** (inner product) または**スカラー積** (scalar product) といい，$\vec{a} \cdot \vec{b}$ または $(\vec{a}, \vec{b})$ で表します．なお，$\vec{a} = \vec{0}$ または $\vec{b} = \vec{0}$ のときは，$\vec{a} \cdot \vec{b} = 0$ と定義します．

← 内積はドット積 (dot product) ともいい，a ドット b と読む．

$\vec{a}$ と $\vec{b}$ のなす角が $0° \leq \theta \leq 90°$ のときは，図 1.11 のように

$\vec{a} \cdot \vec{b} = |\vec{a}|(|\vec{b}|\cos\theta)$

$90° \leq \theta \leq 180°$ のときは，図 1.12 のように

$\vec{a} \cdot \vec{b} = -|\vec{a}|(-|\vec{b}|\cos\theta)$

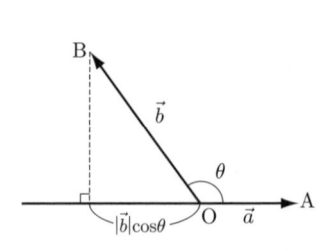

図 1.11

図 1.12

1.5.1 内積の成分表示

$\vec{a} = (a_1, a_2)$, $\vec{b} = (b_1, b_2)$ の内積を成分表示してみよう．

図 1.13 に示されるように，$\triangle OAB$ において，$\overrightarrow{OA} = \vec{a}$, $\overrightarrow{OB} = \vec{b}$, $\angle AOB = \theta$ とします．

1.5 ベクトルの内積

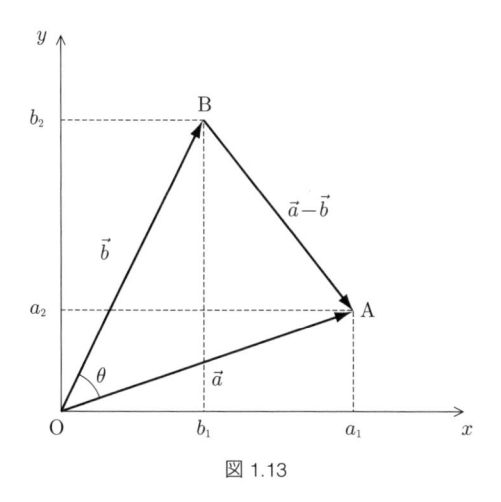

図 1.13

余弦定理により

$$BA^2 = OA^2 + OB^2 - 2 \times OA \times OB \cos\theta$$

となりますから，ベクトルで書きなおすと

$$|\vec{a} - \vec{b}|^2 = |\vec{a}|^2 + |\vec{b}|^2 - 2(\vec{a} \cdot \vec{b})$$

ここで，ベクトル $\vec{a} = (a_1, a_2)$, $\vec{b} = (b_1, b_2)$ とすると

$$(a_1 - b_1)^2 + (a_2 - b_2)^2 = (a_1{}^2 + a_2{}^2) + (b_1{}^2 + b_2{}^2) - 2(\vec{a} \cdot \vec{b})$$

となるので

$$\vec{a} \cdot \vec{b} = a_1 b_1 + a_2 b_2$$

となります．
また，行ベクトルと列ベクトルを使って

$$\vec{a} \cdot \vec{b} = (a_1 \, a_2) \begin{pmatrix} b_1 \\ b_2 \end{pmatrix}$$

と書くこともあります．また，$\vec{a}$ と $\vec{b}$ の成分表示が

$$\vec{a} = a_1 \vec{e_1} + a_2 \vec{e_2}$$
$$\vec{b} = b_1 \vec{e_1} + b_2 \vec{e_2}$$

のときは

$$\vec{a} \cdot \vec{b} = (a_1 \vec{e_1} + a_2 \vec{e_2}) \cdot (b_1 \vec{e_1} + b_2 \vec{e_2})$$
$$= a_1 b_1 (\vec{e_1} \cdot \vec{e_1}) + a_1 b_2 (\vec{e_1} \cdot \vec{e_2}) + a_2 b_1 (\vec{e_2} \cdot \vec{e_1}) + a_2 b_2 (\vec{e_2} \cdot \vec{e_2})$$

⬅ 余弦定理
△ABC の頂点 A, B, C の対辺をそれぞれ a, b, c とすると
$$a^2 = b^2 + c^2 - 2bc \cos A$$

⬅ 同じベクトル同士の内積は
$$\vec{a} \cdot \vec{a} = |\vec{a}||\vec{a}| \cos 0 = |\vec{a}|^2$$
$$\vec{a} \cdot \vec{a} = a_1 a_1 + a_2 a_2 = a_1{}^2 + a_2{}^2$$

ここで，基本ベクトル $\vec{e_1}, \vec{e_2}$ は大きさ 1 で直交していることから

$$\vec{e_1} \cdot \vec{e_1} = \vec{e_2} \cdot \vec{e_2} = 1, \quad \vec{e_1} \cdot \vec{e_2} = \vec{e_2} \cdot \vec{e_1} = 0$$

よって

$$\vec{a} \cdot \vec{b} = a_1 b_1 + a_2 b_2$$

同様に，3 次元空間ベクトルにおいて，$\vec{a} = (a_1, a_2, a_3), \vec{b} = (b_1, b_2, b_3)$ の内積の直交成分表示は

$$\begin{aligned}
\vec{a} \cdot \vec{b} &= (a_1 \vec{e_1} + a_2 \vec{e_2} + a_3 \vec{e_3}) \cdot (b_1 \vec{e_1} + b_2 \vec{e_2} + b_3 \vec{e_3}) \\
&= a_1 b_1 (\vec{e_1} \cdot \vec{e_1}) + a_1 b_2 (\vec{e_1} \cdot \vec{e_2}) + a_1 b_3 (\vec{e_1} \cdot \vec{e_3}) \\
&\quad + a_2 b_1 (\vec{e_2} \cdot \vec{e_1}) + a_2 b_2 (\vec{e_2} \cdot \vec{e_2}) + a_2 b_3 (\vec{e_2} \cdot \vec{e_3}) \\
&\quad + a_3 b_1 (\vec{e_3} \cdot \vec{e_1}) + a_3 b_2 (\vec{e_3} \cdot \vec{e_2}) + a_3 b_3 (\vec{e_3} \cdot \vec{e_3})
\end{aligned}$$

ここで，基本ベクトル $\vec{e_1}, \vec{e_2}, \vec{e_3}$ は大きさ 1 で互いにどの 2 つのベクトルも直交していることから

$$\vec{e_1} \cdot \vec{e_1} = \vec{e_2} \cdot \vec{e_2} = \vec{e_3} \cdot \vec{e_3} = 1$$
$$\vec{e_1} \cdot \vec{e_2} = \vec{e_2} \cdot \vec{e_1} = \vec{e_1} \cdot \vec{e_3} = \vec{e_3} \cdot \vec{e_1} = \vec{e_3} \cdot \vec{e_2} = \vec{e_2} \cdot \vec{e_3} = 0$$

よって

$$\vec{a} \cdot \vec{b} = a_1 b_1 + a_2 b_2 + a_3 b_3$$

ベクトルの内積の性質

1) $\vec{a} \cdot \vec{a} = |\vec{a}|^2$ （同じものの内積は，大きさの 2 乗に書きなおす）
2) 交換法則　$\vec{a} \cdot \vec{b} = \vec{b} \cdot \vec{a}$
3) 分配法則　$(\vec{a} + \vec{b}) \cdot \vec{c} = \vec{a} \cdot \vec{c} + \vec{b} \cdot \vec{c}, \quad \vec{a} \cdot (\vec{b} + \vec{c}) = \vec{a} \cdot \vec{b} + \vec{a} \cdot \vec{c}$
4) $(k\vec{a}) \cdot \vec{b} = \vec{a} \cdot (k\vec{b}) = k(\vec{a} \cdot \vec{b})$
5) $|\vec{a} \cdot \vec{b}| \leq |\vec{a}||\vec{b}|$

---

5) この不等式をシュワルツ（**Schwarz**）の不等式という．

1.5.2　2 つのベクトルのなす角

内積の定義から，2 つのベクトルのなす角の余弦は

$$\cos \theta = \frac{\vec{a} \cdot \vec{b}}{|\vec{a}||\vec{b}|}$$

となるが，$\vec{a} = (a_1, a_2), \vec{b} = (b_1, b_2)$ のとき

$$\vec{a} \cdot \vec{b} = a_1 b_1 + a_2 b_2$$

また，ベクトル $\vec{a}$ と $\vec{b}$ の大きさは

$$|\vec{a}| = \sqrt{a_1{}^2 + a_2{}^2}, \quad |\vec{b}| = \sqrt{b_1{}^2 + b_2{}^2}$$

であるから

$$\cos\theta = \frac{a_1 b_1 + a_2 b_2}{\sqrt{a_1{}^2 + a_2{}^2}\sqrt{b_1{}^2 + b_2{}^2}}$$

同様に，$\vec{a} = (a_1, a_2, a_3), \vec{b} = (b_1, b_2, b_3)$ のときは

$$\cos\theta = \frac{\vec{a}\cdot\vec{b}}{|\vec{a}||\vec{b}|} = \frac{a_1 b_1 + a_2 b_2 + a_3 b_3}{\sqrt{a_1{}^2 + a_2{}^2 + a_3{}^2}\sqrt{b_1{}^2 + b_2{}^2 + b_3{}^2}}$$

と書くことができます．

例 1.11

$\vec{a} = (-\sqrt{3}, 1), \vec{b} = (3, \sqrt{3})$ のなす角 θ を求めてみましょう．
内積の定義から

$$\cos\theta = \frac{\vec{a}\cdot\vec{b}}{|\vec{a}||\vec{b}|} = \frac{a_1 b_1 + a_2 b_2}{\sqrt{a_1{}^2 + a_2{}^2}\sqrt{b_1{}^2 + b_2{}^2}}$$

$$\cos\theta = \frac{(-\sqrt{3})\times 3 + 1 \times \sqrt{3}}{\sqrt{(-\sqrt{3})^2 + 1^2}\sqrt{3^2 + (\sqrt{3})^2}} = \frac{-2\sqrt{3}}{2\times 2\sqrt{3}} = -\frac{1}{2}$$

だから

$$\theta = 120°$$

1.5.3 ベクトルの垂直条件

$\vec{a} \neq \vec{0}, \vec{b} \neq \vec{0}$ で 2 つの平面ベクトル $\vec{a} = (a_1, a_2)$ と $\vec{b} = (b_1, b_2)$ のなす角が $90°$ のとき，$\vec{a}$ と $\vec{b}$ は**垂直** (vertical) であるといい，記号では $\vec{a} \perp \vec{b}$ と書きます．

すなわち，$\vec{a} \perp \vec{b}$ のとき

$$\vec{a}\cdot\vec{b} = |\vec{a}||\vec{b}|\cos 90° = a_1 b_1 + a_2 b_2 = 0$$

となります．

同様に，2 つの空間ベクトル $\vec{a} = (a_1, a_2, a_3)$ と $\vec{b} = (b_1, b_2, b_3)$ のとき垂直条件は

$$\vec{a}\cdot\vec{b} = 0, \quad a_1 b_1 + a_2 b_2 + a_3 b_3 = 0$$

となります．

例 1.12

ベクトル $\vec{a}=(1,2), \vec{b}=(x,1)$ について，$\vec{a}+2\vec{b}$ と $2\vec{a}-\vec{b}$ が平行になるとき，および垂直になるときの x の値を求めてみましょう．

$\vec{v}=\vec{a}+2\vec{b}$ とおけば

$$\vec{v}=(1,2)+(2x,2)=(2x+1,2+2)=(2x+1,4)$$

また，$\vec{w}=2\vec{a}-\vec{b}$ とおけば

$$\vec{w}=(2,4)-(x,1)=(2-x,3)$$

■ $\vec{v}$ と $\vec{w}$ が平行ならば，$\vec{v}=k\vec{w}$ であるような実数 k が存在する．

$$\begin{cases} 2x+1=k(2-x) \\ 4=k3 \end{cases}$$

したがって，$2x+1=\dfrac{4}{3}(2-x)$

よって，$x=\dfrac{1}{2}$

■ $\vec{v}$ と $\vec{w}$ が垂直ならば，$\vec{v}\cdot\vec{w}=0$

$$(2x+1)(2-x)+12=0$$

したがって

$$2x^2-3x-14=0$$
$$(2x-7)(x+2)=0$$

よって

$$x=-2,\ \dfrac{7}{2}$$

問 1.7

$|\vec{a}|=2, |\vec{b}|=3, \vec{a}\cdot\vec{b}=5$ のとき，次の値を求めてみよう．

1) $(\vec{a}+\vec{b})\cdot(\vec{a}+\vec{b})$ 2) $(\vec{a}+3\vec{b})\cdot(2\vec{a}-\vec{b})$
3) $|3\vec{a}-\vec{b}|^2$

問	1.8

$|\vec{a}| = 3$, $|\vec{b}| = 8$, $|2\vec{a} - \vec{b}| = 2\sqrt{13}$ のとき, $\vec{a} \cdot \vec{b}$, $\vec{a}$ と $\vec{b}$ のなす角 θ, $|\vec{a} + 2\vec{b}|$ の値を求めてみよう.

1.6 ベクトルの外積

ベクトルの積には，内積のようにスカラーになるものと，2つのベクトルの積がベクトルになる**外積**（outer product）があります．平行でない2つのベクトルを $\vec{a}, \vec{b}$ とすると外積 $\vec{c}$ は図 1.14 のように

$$\vec{a} \times \vec{b} = \vec{c}$$

で与えられます．ただし，$\vec{c}$ の方向はベクトル $\vec{a}, \vec{b}$ で作られる面に垂直で，その向きは右ネジを $\vec{a}$ から $\vec{b}$ に回したとき，ネジの進む方向になります．これを**右ネジの法則**（right-handed screw rule）といいます．なお，$\vec{c}$ の正負の向きはベクトルのかけ算の順序によって異なり，$\vec{b} \times \vec{a}$ では

$$\vec{b} \times \vec{a} = -\vec{c}$$

となります．このように外積はベクトルの積がベクトルとして与えられるので，**ベクトル積**（vector product）とも呼ばれます．

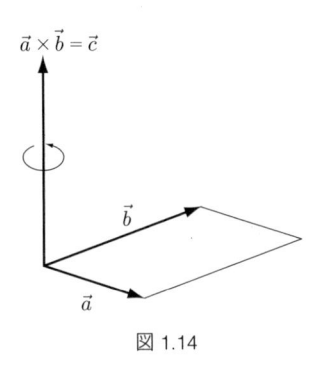

⬅ 外積は記号 $\vec{a} \times \vec{b}$ または $[\vec{a}, \vec{b}]$ で書き表す．$\vec{a} \times \vec{b}$ は a クロス b と読む．

図 1.14

ベクトル $\vec{a}, \vec{b}$ のなす角を θ とすると $\vec{c}$ の大きさは

$$|\vec{c}| = |\vec{a}||\vec{b}|\sin\theta$$

で与えられますから，図 1.15 に示されるようにベクトル $\vec{a}, \vec{b}$ が作る平行四辺形の面積になります．

⬅ 外積は2つのベクトルが平行のとき0になるが，2つのベクトルが直交するとき最も大きくなる．

第1章　ベクトル

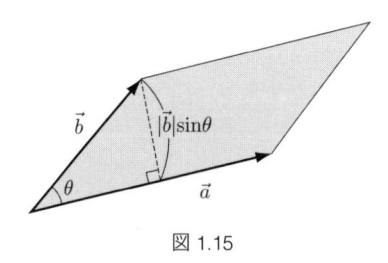

図 1.15

→ このような平行四辺形を「ベクトル $\vec{a}, \vec{b}$ で張られる」という．

外積の計算法則

$\vec{a}, \vec{b}, \vec{c}$ を任意の空間ベクトル，k をスカラーとすると

1) $\vec{a} \times \vec{a} = \vec{0}$
2) $\vec{a} \times \vec{b} = -(\vec{b} \times \vec{a})$
3) $(k\vec{a}) \times \vec{b} = \vec{a} \times (k\vec{b}) = k(\vec{a} \times \vec{b})$
4) 分配法則　$\vec{a} \times (\vec{b} + \vec{c}) = \vec{a} \times \vec{b} + \vec{a} \times \vec{c}$

また，$\vec{a}, \vec{b}$ が平行であるとき

$\vec{a} \parallel \vec{b} \iff \vec{a} \times \vec{b} = 0$

● 外積の成分表示

空間の基本ベクトルを $\vec{e_1}, \vec{e_2}, \vec{e_3}$ とすると，外積の性質から

$$\vec{e_1} \times \vec{e_1} = \vec{0}, \quad \vec{e_2} \times \vec{e_2} = \vec{0}, \quad \vec{e_3} \times \vec{e_3} = \vec{0}$$

さらに外積の定義によって

$$\vec{e_1} \times \vec{e_2} = \vec{e_3}, \quad \vec{e_2} \times \vec{e_3} = \vec{e_1}, \quad \vec{e_3} \times \vec{e_1} = \vec{e_2}$$
$$\vec{e_2} \times \vec{e_1} = -\vec{e_3}, \quad \vec{e_3} \times \vec{e_2} = -\vec{e_1}, \quad \vec{e_1} \times \vec{e_3} = -\vec{e_2}$$

ここで，任意の2つのベクトル

$$\vec{a} = a_1\vec{e_1} + a_2\vec{e_2} + a_3\vec{e_3}$$
$$\vec{b} = b_1\vec{e_1} + b_2\vec{e_2} + b_3\vec{e_3}$$

の外積を求めると

$$\begin{aligned}
\vec{a} \times \vec{b} &= (a_1\vec{e_1} + a_2\vec{e_2} + a_3\vec{e_3}) \times (b_1\vec{e_1} + b_2\vec{e_2} + b_3\vec{e_3}) \\
&= a_1b_1(\vec{e_1} \times \vec{e_1}) + a_2b_1(\vec{e_2} \times \vec{e_1}) + a_3b_1(\vec{e_3} \times \vec{e_1}) \\
&\quad + a_1b_2(\vec{e_1} \times \vec{e_2}) + a_2b_2(\vec{e_2} \times \vec{e_2}) + a_3b_2(\vec{e_3} \times \vec{e_2}) \\
&\quad + a_1b_3(\vec{e_1} \times \vec{e_3}) + a_2b_3(\vec{e_2} \times \vec{e_3}) + a_3b_3(\vec{e_3} \times \vec{e_3}) \\
&= a_1b_1\vec{0} + a_2b_1(-\vec{e_3}) + a_3b_1\vec{e_2} + a_1b_2\vec{e_3} + a_2b_2\vec{0}
\end{aligned}$$

$$+ a_3b_2(-\vec{e_1}) + a_1b_3(-\vec{e_2}) + a_2b_3\vec{e_1} + a_3b_3\vec{0}$$
$$= a_2b_3\vec{e_1} + a_3b_2(-\vec{e_1}) + a_3b_1\vec{e_2} + a_1b_3(-\vec{e_2}) + a_1b_2\vec{e_3} + a_2b_1(-\vec{e_3})$$
$$= (a_2b_3 - a_3b_2)\vec{e_1} + (a_3b_1 - a_1b_3)\vec{e_2} + (a_1b_2 - a_2b_1)\vec{e_3}$$

◐ $\vec{a} \times \vec{b} = \begin{pmatrix} a_2b_3 - a_3b_2 \\ a_3b_1 - a_1b_3 \\ a_1b_2 - a_2b_1 \end{pmatrix}$

これを次のように行列式で表しておくと記憶しやすいでしょう．

$$\vec{a} \times \vec{b} = \begin{vmatrix} a_2 & a_3 \\ b_2 & b_3 \end{vmatrix} \vec{e_1} + \begin{vmatrix} a_3 & a_1 \\ b_3 & b_1 \end{vmatrix} \vec{e_2} + \begin{vmatrix} a_1 & a_2 \\ b_1 & b_2 \end{vmatrix} \vec{e_3}$$
$$= \begin{vmatrix} \vec{e_1} & \vec{e_2} & \vec{e_3} \\ a_1 & a_2 & a_3 \\ b_1 & b_2 & b_3 \end{vmatrix}$$

◐ 第3章 行列式を参照

したがって，2つのベクトル $\vec{a}, \vec{b}$ の外積 $\vec{a} \times \vec{b}$ の大きさは，$\vec{a}, \vec{b}$ が作る平行四辺形の面積です．また，方向は右ネジを $\vec{a}$ から $\vec{b}$ に回したとき，ネジの進む方向のベクトルです．

$$\vec{a} \times \vec{b} = (a_2b_3 - a_3b_2, \quad a_3b_1 - a_1b_3, \quad a_1b_2 - a_2b_1)$$
$$= \left(\begin{vmatrix} a_2 & a_3 \\ b_2 & b_3 \end{vmatrix}, \quad -\begin{vmatrix} a_1 & b_1 \\ a_3 & b_3 \end{vmatrix}, \quad \begin{vmatrix} a_1 & a_2 \\ b_1 & b_2 \end{vmatrix} \right)$$

となります．

例 1.13

外積の分配法則 $\vec{a} \times (\vec{b} + \vec{c}) = \vec{a} \times \vec{b} + \vec{a} \times \vec{c}$ が成り立つことを証明してみましょう．

$$\vec{a} \times (\vec{b} + \vec{c}) = \begin{vmatrix} \vec{e_1} & \vec{e_2} & \vec{e_3} \\ a_1 & a_2 & a_3 \\ b_1 + c_1 & b_2 + c_2 & b_3 + c_3 \end{vmatrix}$$
$$= \begin{vmatrix} \vec{e_1} & \vec{e_2} & \vec{e_3} \\ a_1 & a_2 & a_3 \\ b_1 & b_2 & b_3 \end{vmatrix} + \begin{vmatrix} \vec{e_1} & \vec{e_2} & \vec{e_3} \\ a_1 & a_2 & a_3 \\ c_1 & c_2 & c_3 \end{vmatrix}$$
$$= \vec{a} \times \vec{b} + \vec{a} \times \vec{c}$$

例 1.14

$\vec{a} = (1, 2, 3), \vec{b} = (3, -2, 1)$ のとき，外積 $\vec{a} \times \vec{b}$ を求めてみましょう．

$$\vec{a} \times \vec{b} = \begin{vmatrix} \vec{e_1} & \vec{e_2} & \vec{e_3} \\ 1 & 2 & 3 \\ 3 & -2 & 1 \end{vmatrix}$$

第1章　ベクトル

$$= \left(\begin{vmatrix} 2 & 3 \\ -2 & 1 \end{vmatrix}, -\begin{vmatrix} 1 & 3 \\ 3 & 1 \end{vmatrix}, \begin{vmatrix} 1 & 2 \\ 3 & -2 \end{vmatrix} \right)$$
$$= \{(2\cdot 1 - (-2)\cdot 3, -(1\cdot 1 - 3\cdot 3), 1\cdot(-2) - 3\cdot 2\}$$
$$= (8, 8, -8)$$

問 1.9

$\vec{a} = (1, -2, 1), \vec{b} = (3, m, n)$ のとき, $\vec{a} \times \vec{b} = \vec{0}$ となるような m, n の値を求めてみよう.

問 1.10

$\vec{a} = (1, -1, -1), \vec{b} = (4, 1, 3)$ のとき, 外積 $\vec{a} \times \vec{b}$ を求めてみよう.

練習問題

1. $\vec{a} = (3,1), \vec{b} = (-1,2)$ のとき，次のベクトルを成分で表しなさい．
   (1) $2\vec{a} + 3\vec{b}$ (2) $-3\vec{a} - 5\vec{b}$ (3) $-4\vec{a} + \vec{b}$

2. 次のベクトル $\vec{a}, \vec{b}$ のなす角 θ $(0 \leq \theta \leq \pi)$ を求めなさい．
   (1) $\vec{a} = (\sqrt{3}, 1)$, $\vec{b} = (2, 2\sqrt{3})$
   (2) $\vec{a} = (-\sqrt{3}, 2\sqrt{2})$, $\vec{b} = (2\sqrt{6}, 3)$

3. 2つのベクトル $\vec{a} = (a_1, a_2), \vec{b} = (b_1, b_2)$ を用いて，$\vec{a}(\vec{b} - \vec{c}) = \vec{a}\vec{b} - \vec{a}\vec{c}$ が成り立つことを示しなさい．

4. ベクトル $\vec{a} = (1,1), \vec{b} = (1-\sqrt{3}, 1+\sqrt{3})$ とするとき，次の値を求めなさい．
   (1) ベクトル $\vec{a}, \vec{b}$ の大きさ $|\vec{a}|, |\vec{b}|$
   (2) ベクトル $\vec{a}, \vec{b}$ の内積 $\vec{a} \cdot \vec{b}$
   (3) ベクトル $\vec{a}, \vec{b}$ のなす角 θ

5. 2つベクトル $\vec{a} = (3,4), \vec{b} = (2,1)$ が与えられたとき，$\vec{a} + x\vec{b}$ と $\vec{a} - \vec{b}$ が直交するように x の値を求めなさい．

6. 2つのベクトル $\vec{a}, \vec{b}$ の大きさがそれぞれ 7, 8 で $\vec{a}, \vec{b}$ の作る角が 60° のとき，$\vec{a} + \vec{b}$ および $\vec{a} - \vec{b}$ の大きさを求めなさい．

7. ベクトル $\vec{a} = (3,4), \vec{b} = (4,3)$ に対して，$(x\vec{a} + y\vec{b}) \perp \vec{a}$ かつ $|x\vec{a} + y\vec{b}| = 1$ となる x, y の値を求めなさい．

8. 2つのベクトル $\vec{a}, \vec{b}$ の大きさがそれぞれ 4, 10 で $\vec{a}, \vec{b}$ のなす角が 60° のとき，$2\vec{a} - \vec{b}$ の大きさを求めなさい．

9. 2つのベクトル $\vec{a} = (-1,3), \vec{b} = (x,-2)$ に対して，次の値を求めなさい．
   (1) $\vec{a}$ と $\vec{b}$ が平行になるときの x の値
   (2) $\vec{a}$ と $\vec{b}$ が垂直になるときの x の値
   (3) $\vec{a}$ と $(\vec{a} + \vec{b})$ が垂直になるときの x の値

10. $\vec{a} = (8,9,1), \vec{b} = (4,2,2), \vec{c} = (5,-1,-6)$ のとき，次の計算をしなさい．
    (1) $3\vec{a} - 2\vec{b}$ (2) $2(\vec{c} - \vec{b}) - 3(\vec{a} + \vec{b})$

11. 2つベクトル $\vec{a} = (1,2,2), \vec{b} = (-2,3,-2)$ のとき，ベクトル $\vec{a}, \vec{b}$ のなす角を θ とする．次の値を求めなさい．

(1) 大きさ $|\vec{a}|, |\vec{b}|$ 　　(2) 内積 $\vec{a} \cdot \vec{b}$
(3) ベクトル $\vec{a}, \vec{b}$ のなす角

12. (1) $\vec{a} = (x, -1, -1)$ と $\vec{b} = (x, x, 2)$ が垂直になるように x の値を決めなさい．

(2) $\vec{a} = (2, m, 5)$ と $\vec{b} = (n, -3, 10)$ が平行になるように m, n の値を決めなさい．

13. 2つのベクトル $\vec{a} = (2, -2, 0), \vec{b} = (0, 3, -3)$ のとき，$\vec{a} + k\vec{b}$ と $\vec{a} - \vec{b}$ が互いに垂直になるように k の値を決めなさい．

14. $\vec{a} = (-2, l, 1), \vec{b} = (m, 4, -1), \vec{c} = (1, 1, n)$ がお互いに垂直になるように変数 l, m, n を求めなさい．

15. 2つのベクトル $\vec{a} = (1, 1, 0), \vec{b} = (1, 0, -1)$ のとき，次の値を求めなさい．
(1) $\vec{a}, \vec{b}$ のなす角
(2) $\vec{a}, \vec{b}$ の両方に垂直で，かつ大きさが1のベクトル

16. 次を示しなさい．
(1) 2次元列ベクトル $\begin{pmatrix} 2 \\ -4 \end{pmatrix}$ と $\begin{pmatrix} -3 \\ 6 \end{pmatrix}$ は1次従属である．

(2) 2次元列ベクトル $\begin{pmatrix} 1 \\ -1 \end{pmatrix}$ と $\begin{pmatrix} 2 \\ 3 \end{pmatrix}$ は1次独立である．

17. 次を示しなさい．
(1) 3次元列ベクトル $\begin{pmatrix} 1 \\ -1 \\ 1 \end{pmatrix}, \begin{pmatrix} 2 \\ 0 \\ 3 \end{pmatrix}, \begin{pmatrix} 4 \\ 2 \\ 7 \end{pmatrix}$ は1次従属である．

(2) 3次元列ベクトル $\begin{pmatrix} 1 \\ 0 \\ 1 \end{pmatrix}, \begin{pmatrix} 3 \\ 1 \\ -1 \end{pmatrix}, \begin{pmatrix} 1 \\ 2 \\ 0 \end{pmatrix}$ は1次独立である．

第 2 章

行列

2.1 行列とその意味

ある会社の製品 A は主要な部品 w が 2 個，部品 x が 4 個，部品 y が 8 個で組み立てられています．また，製品 B, C を作るにも表 2.1 に示すような主要部品 w, x, y が必要になります．

表 2.1

部品	製品 A	B	C
w	2	5	10
x	4	7	3
y	8	2	3

表 2.1 の数字の部分

$$\begin{pmatrix} 2 & 5 & 10 \\ 4 & 7 & 3 \\ 8 & 2 & 3 \end{pmatrix}$$

また，連立 1 次方程式の場合では

連立 1 次方程式
$$\begin{cases} 2x + 3y + 9z = 28 \\ 3x - y + 3z = -1 \\ 5x - 4y - 2z = 3 \end{cases}$$

係数と定数項
$$\begin{pmatrix} 2 & 3 & 9 & 28 \\ 3 & -1 & 3 & -1 \\ 5 & -4 & -2 & 3 \end{pmatrix}$$

このように，いくつかの数を正方形や長方形に並べたものを**行列**（matrix）または**マトリックス**といいます．普通，行列は丸括弧 (　) を用いて表しますが，カギ括弧 [　] も使われます．

↩ 行列はいくつかの列ベクトルまたは行ベクトルを並べたもので，ベクトルの拡張でもある．

行列において，図 2.1 のように，横の並びを**行**（row）といって上から順に，第 1 行，第 2 行 ⋯，第 i 番目の行を第 i 行 ⋯ といい，縦の並びを**列**（column）といって左から順に，第 1 列，第 2 列 ⋯，第 j 番目の列を第 j 列 ⋯ といいます．

m 個の行と n 個の列からなる行列を **m 行 n 列の行列**，**$m \times n$ 行列**，**(m, n) 型の行列**などといい，特に行と列の個数が等しい $n \times n$ 行

$$A = \begin{pmatrix} a_{11} & a_{12} & \cdots & a_{1n} \\ a_{21} & a_{22} & \cdots & a_{2n} \\ \vdots & \vdots & \ddots & \vdots \\ a_{m1} & a_{m2} & \cdots & a_{mn} \end{pmatrix} \begin{matrix} \leftarrow 第1行 \\ \leftarrow 第2行 \\ \\ \leftarrow 第m行 \end{matrix}$$

↑　　↑　　　↑
第1列　第2列　第n列

図 2.1

列のことを n 次**正方行列**（square matrix）といいます．

また，第 i 行の j 列目にある数のことを，その行列の (i, j) **成分**といいます．

一般に，行列はアルファベットの大文字の $A, B, C, \cdots$ などで表し，その成分を小文字 $a, b, c, \cdots$ や a_{11}, a_{12}, a_{13} などで表します．行列 A の (i, j) 成分が (a_{ij}) の場合

$$A = (a_{ij})$$

と書くこともあります．

◀ a_{ij} の i は第 i 行を，j は第 j 列を表す．

例 2.1

- 大きさ 3 行 3 列 (3×3) の行列

$$A = (a_{ij}) = \begin{pmatrix} a_{11} & a_{12} & a_{13} \\ a_{21} & a_{22} & a_{23} \\ a_{31} & a_{32} & a_{33} \end{pmatrix}$$

- 大きさ $(m \times n)$ の行列

$$A = (a_{ij}) = \begin{pmatrix} a_{11} & a_{12} & \cdots & a_{1n} \\ a_{21} & a_{22} & \cdots & a_{2n} \\ \vdots & \vdots & \ddots & \vdots \\ a_{m1} & a_{m2} & \cdots & a_{mn} \end{pmatrix}$$

行列にはいろいろな性質や特徴をもったものがありますから，次にいくつかの重要な行列について説明しておきましょう．

2.1.1 単位行列と対角行列

正方行列（$n \times n$ 行列）で左上から右下にかけての主対角線上の対角成分が $a_{ij} = 1 \ (i = j)$ で，他のすべての成分が $a_{ij} = 0 \ (i \neq j)$ の行

◀ 行列の左上から右下に向かう対角線を**主対角線**（principal diagonal）といい，右上から左下に向かう対角線を副対角線という．

列を**単位行列**（unit matrix）または**恒等行列**（identity matrix）といい，記号 I（英語 Identity の頭文字）または E（独語 Einheit の頭文字）で表します．

クロネッカー（Kronecker）の δ（デルタ）記号を用いると

$$I = [\delta_{ij}]$$

と書けます．

↩ 単位行列は数の世界の 1 に相等する．

↩ $[\delta_{ij}] = \begin{cases} 1 & (i = j) \\ 0 & (i \neq j) \end{cases}$

クロネッカー（1823–1891）

Leopold Kronecker. ドイツの数学者．

例 2.2

■ 2 次の単位行列

$$I = \begin{pmatrix} 1 & 0 \\ 0 & 1 \end{pmatrix}$$

■ 3 次の単位行列

$$I = \begin{pmatrix} 1 & 0 & 0 \\ 0 & 1 & 0 \\ 0 & 0 & 1 \end{pmatrix}$$

一般に，対角成分が 0 でなく，その他の成分がすべて 0 である n 次の正方行列を**対角行列**（diagonal matrix）といいます．

例 2.3

$$\begin{pmatrix} 2 & 0 \\ 0 & 3 \end{pmatrix}, \quad \begin{pmatrix} 1 & 0 & 0 \\ 0 & 2 & 0 \\ 0 & 0 & 4 \end{pmatrix} \quad \text{など}$$

2.1.2 転置行列と対称行列

行列 A の，行と列を入れ替えたものを**転置行列**（transposed matrix）といい，${}^t\!A$ または A' で表します．

例 2.4

$$A = \begin{pmatrix} 1 & 3 & 5 \\ 2 & 4 & 6 \end{pmatrix} \quad \text{においては} \quad {}^t\!A = \begin{pmatrix} 1 & 2 \\ 3 & 4 \\ 5 & 6 \end{pmatrix}$$

一般に (3×2) 行列 A の転置行列 ${}^t\!A$ の場合は，(2×3) 行列になります．

$$A = \begin{pmatrix} a_{11} & a_{12} \\ a_{21} & a_{22} \\ a_{31} & a_{32} \end{pmatrix} \quad \text{においては} \quad {}^t\!A = \begin{pmatrix} a_{11} & a_{21} & a_{31} \\ a_{12} & a_{22} & a_{32} \end{pmatrix}$$

↩ **交代行列**（skewsymmetric matrix, alternating matrix）
正方行列 A の転置行列を ${}^t\!A$ とするとき，${}^t\!A = -A$ となる行列を交代行列という．たとえば

$$\begin{pmatrix} 0 & 1 \\ -1 & 0 \end{pmatrix}$$

$$\begin{pmatrix} 0 & 2 & -1 \\ -2 & 0 & -3 \\ 1 & 3 & 0 \end{pmatrix}$$

などは，交代行列である．このように交代行列の主対角成分はすべて 0 で，主対角線に関して対称の位置にある成分が互いに符号だけが異なっている．正方行列 A が交代行列ならば，A^3，A^5 は交代行列で，A^2，A^4 は対称行列である．

> **転置行列 ^tA の性質**
> 1) 行列 A について $^t(^tA) = A$
> 2) 行列 A, B が同じ $m \times n$ 行列ならば
> $^t(A \pm B) = {}^tA \pm {}^tB$
> 3) $^t(\alpha A) = \alpha\, {}^tA$ (α は実数)
> 4) $^t(AB) = {}^tB\, {}^tA$

特に，正方行列 A が転置行列 ^tA に等しいとき，この行列 A を**対称行列** (symmetric matrix) といいます．

例 2.5

$$\begin{pmatrix} 1 & 2 \\ 2 & 3 \end{pmatrix}, \quad \begin{pmatrix} 1 & 2 & -3 \\ 2 & 4 & -6 \\ -3 & -6 & 7 \end{pmatrix} \quad \text{など}$$

↩ $\begin{pmatrix} 2 & 1 \\ 3 & 2 \end{pmatrix}$ は対称行列ではない．

2.1.3 三角行列

正方行列において，対角成分より下（または上）に位置する成分がすべて 0 である行列を上（または下）**三角行列** (triangle matrix) といいます．

例 2.6

■ 上三角行列　　■ 下三角行列

$$\begin{pmatrix} 1 & 2 & 3 \\ 0 & 4 & 5 \\ 0 & 0 & 6 \end{pmatrix} \quad \begin{pmatrix} 2 & 0 & 0 \\ 3 & 4 & 0 \\ 5 & 6 & 7 \end{pmatrix} \quad \text{など}$$

2.1.4 正則行列

n 次 正方行列 A が正則であるとは，逆行列 X をもつ行列（行列式の値が 0 でない行列）のことで，$AX = XA = I$ を満たす行列のことを**正則行列** (regular matrix) といいます．

↩ A が正則行列ならば，A の転置行列 ^tA も正則になる．

例 2.7

1) $A = \begin{pmatrix} -2 & -3 \\ 5 & 8 \end{pmatrix}$ に対して $X = \begin{pmatrix} -8 & -3 \\ 5 & 2 \end{pmatrix}$

2) $A = \begin{pmatrix} 2 & 3 & 4 \\ 1 & 2 & 3 \\ -1 & 1 & 4 \end{pmatrix}$ に対して $X = \begin{pmatrix} 5 & -8 & 1 \\ -7 & 12 & -2 \\ 3 & -5 & 1 \end{pmatrix}$

2.1.5 零行列

行列のすべての成分が 0 である行列を**零行列**（zero matrix）といい，記号 O（アルファベットの大文字のオー）で表します．

零行列の性質
1) $A = (a_{ij})$ が $m \times n$ 行列で，零行列が $m \times n$ 行列のとき，$A + O = A$
2) $A = (a_{ij})$ と零行列との積は $OA = O, AO = O$

例 2.8

■ 2 次の零行列　　■ 3 次の零行列

$\begin{pmatrix} 0 & 0 \\ 0 & 0 \end{pmatrix}$　　　　$\begin{pmatrix} 0 & 0 & 0 \\ 0 & 0 & 0 \\ 0 & 0 & 0 \end{pmatrix}$

2.2 行列の和・差・実数倍

2.2.1 行列の和

$A = (a_{ij}), B = (b_{ij})$ をともに $m \times n$ 行列とするとき

$$C = (a_{ij}) + (b_{ij}) \quad \begin{pmatrix} i = 1, 2, \cdots, m \\ j = 1, 2, \cdots, n \end{pmatrix}$$

となる行列 C を A と B の和といい，$C = A + B$ で表します．

$$A = \begin{pmatrix} a_{11} & a_{12} & a_{13} \\ a_{21} & a_{22} & a_{23} \end{pmatrix}, \quad B = \begin{pmatrix} b_{11} & b_{12} & b_{13} \\ b_{21} & b_{22} & b_{23} \end{pmatrix}$$

とすると

$$C = A + B = \begin{pmatrix} a_{11} + b_{11} & a_{12} + b_{12} & a_{13} + b_{13} \\ a_{21} + b_{21} & a_{22} + b_{22} & a_{23} + b_{23} \end{pmatrix}$$

例 2.9

$A = \begin{pmatrix} 3 & 5 & 1 \\ 2 & 6 & 8 \end{pmatrix}, \quad B = \begin{pmatrix} 2 & 6 & 8 \\ 1 & 5 & 3 \end{pmatrix}$

のとき
$$A+B=\begin{pmatrix} 5 & 11 & 9 \\ 3 & 11 & 11 \end{pmatrix}$$

⬅ $\begin{pmatrix} 3 & 0 & 1 \\ 2 & 6 & 5 \end{pmatrix}+\begin{pmatrix} 2 & -3 \\ 1 & 4 \\ 2 & 1 \end{pmatrix}$
は計算できない.

2.2.2 行列の差

$A=(a_{ij}),\ B=(b_{ij})$ をともに m 行 n 列とするとき

$$C=(a_{ij})-(b_{ij}) \quad \begin{pmatrix} i=1,2,\cdots,m \\ j=1,2,\cdots,n \end{pmatrix}$$

となる行列 C を A と B の差といい, $C=A-B$ で表します. ただし, $A=B$ のとき $C=0$ とします.

$$\begin{aligned} A-B &= A+(-B) \\ &= \begin{pmatrix} a_{11} & a_{12} & a_{13} \\ a_{21} & a_{22} & a_{23} \end{pmatrix}+\begin{pmatrix} -b_{11} & -b_{12} & -b_{13} \\ -b_{21} & -b_{22} & -b_{23} \end{pmatrix} \\ &= \begin{pmatrix} a_{11}-b_{11} & a_{12}-b_{12} & a_{13}-b_{13} \\ a_{21}-b_{21} & a_{22}-b_{22} & a_{23}-b_{23} \end{pmatrix} \end{aligned}$$

例 2.10

$$A=\begin{pmatrix} 3 & 5 & 1 \\ 2 & 6 & 8 \end{pmatrix},\quad B=\begin{pmatrix} 2 & 6 & 8 \\ 1 & 5 & 3 \end{pmatrix}$$

のとき

$$\begin{aligned} A-B &= A+(-B) \\ &= \begin{pmatrix} 3 & 5 & 1 \\ 2 & 6 & 8 \end{pmatrix}+\begin{pmatrix} -2 & -6 & -8 \\ -1 & -5 & -3 \end{pmatrix} \\ &= \begin{pmatrix} 1 & -1 & -7 \\ 1 & 1 & 5 \end{pmatrix} \end{aligned}$$

⬅ $\begin{pmatrix} 3 & 5 & 1 \end{pmatrix}-\begin{pmatrix} 2 \\ 1 \\ 2 \end{pmatrix}$,

$\begin{pmatrix} 8 & 5 & 1 \\ 3 & 6 & 4 \end{pmatrix}-\begin{pmatrix} 5 & -3 \\ 2 & 6 \\ 3 & 1 \end{pmatrix}$

などは計算できない.

2.2.3 行列の実数倍

一般に, 行列 $A=(a_{ij})$ の k 倍は, $k(a_{ij})=(ka_{ij})$ となります.

$$A=\begin{pmatrix} a_{11} & a_{12} & a_{13} \\ a_{21} & a_{22} & a_{23} \end{pmatrix}\text{の }k\text{ 倍は}\quad kA=\begin{pmatrix} ka_{11} & ka_{12} & ka_{13} \\ ka_{21} & ka_{22} & ka_{23} \end{pmatrix}$$

例 2.11

$A = \begin{pmatrix} -3 & 2 & 3 \\ -2 & 6 & -4 \end{pmatrix}$ の 3 倍は, $3A = \begin{pmatrix} -9 & 6 & 9 \\ -6 & 18 & -12 \end{pmatrix}$

行列の和・差・実数倍の計算法則

行列 A, B, C を $m \times n$ 型，零行列 O を $m \times n$ 型，k, l を定数とすると，次の関係が成り立ちます．

1) 交換法則 $A + B = B + A$
2) 結合法則 $(A + B) + C = A + (B + C)$
3) $A + O = O + A = A$
4) $A + (-A) = (-A) + A = O$
5) 結合法則 $k(lA) = (kl)A$
6) 分配法則 $(k + l)A = kA + lA$, $k(A + B) = kA + kB$
7) $1A = A$, $(-1)A = -A$
8) $OA = O$, $kO = O$

問 2.1

次の行列の計算をしてみよう．

1) $\begin{pmatrix} 1 & 5 & 3 \\ 4 & 3 & 2 \end{pmatrix} + \begin{pmatrix} 2 & 3 & 4 \\ 3 & 0 & 1 \end{pmatrix}$

2) $\begin{pmatrix} -1 & 5 & -3 \\ 4 & -8 & 12 \end{pmatrix} + \begin{pmatrix} 2 & -3 & 4 \\ 8 & 0 & -5 \end{pmatrix}$

問 2.2

$A = \begin{pmatrix} 1 & -4 & 12 \\ 2 & 13 & 6 \end{pmatrix}$, $B = \begin{pmatrix} 13 & -6 & 3 \\ 8 & -17 & 8 \end{pmatrix}$ のとき，次の計算をしてみよう．

1) $2A - B$ 2) $3A + 2B$

2.3 行列の積

行列 $A = (a_{ij})$ が (l, m) 型の行列，行列 $B = (b_{ij})$ が (m, n) 型の行列とするとき

第 2 章　行列

$$A = \begin{pmatrix} a_{11} & a_{12} & \cdots & a_{1m} \\ a_{21} & a_{22} & \cdots & a_{2m} \\ \vdots & \vdots & \ddots & \vdots \\ a_{l1} & a_{l2} & \cdots & a_{lm} \end{pmatrix} \quad B = \begin{pmatrix} b_{11} & b_{12} & \cdots & b_{1n} \\ b_{21} & b_{22} & \cdots & b_{2n} \\ \vdots & \vdots & \ddots & \vdots \\ b_{m1} & b_{m2} & \cdots & b_{mn} \end{pmatrix}$$

行列 A の列の数と行列 B の行の数が等しいとき，行列 A と B の積が定義され，A の第 i 行の成分と B の第 j 列の成分を順にかけて加えた積和

$$a_{i1}b_{1j} + a_{i2}b_{2j} + \cdots + a_{in}b_{nj} = \sum_{k=1}^{n} a_{ik}b_{kj}$$

を行列 A と B の**積**（product）といい，AB で表します．行列 A と B の積 AB は図 2.2 に示されるように，大きさ $l \times n$ 行列となります．

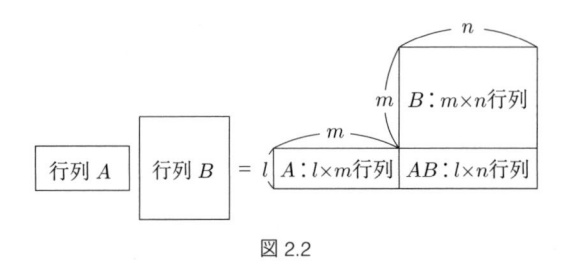

図 2.2

行列の積の計算の手順は次のようになります．

◯ 行列 A を横割りにし，行列 B を縦割りにして，かけて加える．

図 2.3

例 2.12

$1 \times n$ 行列（行ベクトル）

$$A = (a_1, a_2, \cdots, a_n)$$

と，$n \times 1$ 行列（列ベクトル）

$$B = \begin{pmatrix} b_1 \\ b_2 \\ \vdots \\ b_n \end{pmatrix}$$

の積 AB は

$$AB = (a_1, a_2, \cdots, a_n) \begin{pmatrix} b_1 \\ b_2 \\ \vdots \\ b_n \end{pmatrix}$$
$$= a_1 b_1 + a_2 b_2 + \cdots + a_n b_n = \sum_{i=1}^{n} a_i b_i$$

となります.

⬅ 行ベクトルと列ベクトルの次元（成分の個数）が等しいとき，積が定義される．また，行ベクトルを左に，列ベクトルを右に書く．

例 2.13

大きさ 3×2 行列と大きさ 2×3 行列の積は，大きさ 3×3 の行列となります.

$$\begin{pmatrix} a_{11} & a_{12} \\ a_{21} & a_{22} \\ a_{31} & a_{32} \end{pmatrix} \begin{pmatrix} b_{11} & b_{12} & b_{13} \\ b_{21} & b_{22} & b_{23} \end{pmatrix} = \begin{pmatrix} a_{11}b_{11} + a_{12}b_{21} & a_{11}b_{12} + a_{12}b_{22} & a_{11}b_{13} + a_{12}b_{23} \\ a_{21}b_{11} + a_{22}b_{21} & a_{21}b_{12} + a_{22}b_{22} & a_{21}b_{13} + a_{22}b_{23} \\ a_{31}b_{11} + a_{32}b_{21} & a_{31}b_{12} + a_{32}b_{22} & a_{31}b_{13} + a_{32}b_{23} \end{pmatrix}$$

例 2.14

2つの行列 A と B の積を求めてみましょう.

$$A = \begin{pmatrix} 2 & 1 \\ 1 & -1 \\ 4 & -3 \end{pmatrix}, \quad B = \begin{pmatrix} 1 & 2 & -1 \\ 3 & -4 & 2 \end{pmatrix}$$

$$AB = \begin{pmatrix} 2 \cdot 1 + 1 \cdot 3 & 2 \cdot 2 + 1 \cdot (-4) & 2 \cdot (-1) + 1 \cdot 2 \\ 1 \cdot 1 + (-1) \cdot 3 & 1 \cdot 2 + (-1) \cdot (-4) & 1 \cdot (-1) + (-1) \cdot 2 \\ 4 \cdot 1 + (-3) \cdot 3 & 4 \cdot 2 + (-3) \cdot (-4) & 4 \cdot (-1) + (-3) \cdot 2 \end{pmatrix} = \begin{pmatrix} 5 & 0 & 0 \\ -2 & 6 & -3 \\ -5 & 20 & -10 \end{pmatrix}$$

第2章 行列

行列の積に関する計算法則

行列を A, B, C 単位行列を I, 零行列を O とすると, 次のような計算法則が成り立ちます.

1) 結合法則 $A(BC) = (AB)C$
2) 分配法則 $(A+B)C = AC + BC, A(B+C) = AB + AC$
3) $(kA)B = A(kB) = k(AB)$ （k は実数）
4) 零行列との積 $OA = O, AO = O$
5) 単位行列との積 $IA = A, AI = A$

なお, 行列の積では一般に交換法則は成り立ちませんが, A が正方行列で, 単位行列 I が A と同じ次数の単位行列のとき, $AI = IA = A$ となります. また, $AB = O$ であっても, $A = O$ または $B = O$ とは限りません. たとえば

$$A = \begin{pmatrix} 1 & 3 \\ 2 & 6 \end{pmatrix}, \quad B = \begin{pmatrix} 9 & -3 \\ -3 & 1 \end{pmatrix}$$

のとき

$$AB = \begin{pmatrix} 1 & 3 \\ 2 & 6 \end{pmatrix} \begin{pmatrix} 9 & -3 \\ -3 & 1 \end{pmatrix} = \begin{pmatrix} 0 & 0 \\ 0 & 0 \end{pmatrix}$$

$$BA = \begin{pmatrix} 9 & -3 \\ -3 & 1 \end{pmatrix} \begin{pmatrix} 1 & 3 \\ 2 & 6 \end{pmatrix} = \begin{pmatrix} 3 & 9 \\ -1 & -3 \end{pmatrix}$$

問 2.3

次の行列の積を計算してみよう.

1) $\begin{pmatrix} 1 & -1 & 2 \end{pmatrix} \begin{pmatrix} 5 & 1 \\ 3 & 0 \\ 2 & 3 \end{pmatrix}$

2) $\begin{pmatrix} 1 & 3 & -2 \\ 2 & 3 & 4 \end{pmatrix} \begin{pmatrix} 4 & -7 \\ 3 & 11 \\ -5 & 7 \end{pmatrix}$

3) $\begin{pmatrix} 1 & 3 & 5 \\ 4 & 4 & 6 \\ -3 & 6 & -3 \end{pmatrix} \begin{pmatrix} 4 & 4 \\ 2 & 5 \\ -3 & 6 \end{pmatrix}$

4) $\begin{pmatrix} 1 & 2 & 1 \\ 3 & 2 & 1 \\ 4 & 1 & 1 \end{pmatrix} \begin{pmatrix} 1 & 3 & -4 \\ 1 & -1 & 1 \\ -2 & 1 & 2 \end{pmatrix}$

5) $\begin{pmatrix} \sin\theta & -\cos\theta \\ \cos\theta & \sin\theta \end{pmatrix} \begin{pmatrix} \sin\theta & \cos\theta \\ \cos\theta & \sin\theta \end{pmatrix}$

問 2.4

行列 A, B が次のように与えられている．このとき，$AB \neq BA$ となることを示そう．

$$A = \begin{pmatrix} 1 & 3 \\ 2 & 5 \end{pmatrix}, \quad B = \begin{pmatrix} 3 & 0 \\ -2 & 1 \end{pmatrix}$$

↩ 積 AB も BA も定義されるが，両者は一致するとは限らない．$AB = BA$ のとき，A と B は可換 (commutative) であるといい，$AB \neq BA$ のとき，非可換であるという．

2.3.1 小行列を利用した行列の積の計算

行列 A を何本かの縦の線と横の線で分割すると，行列 A はいくつかの小行列に分割されます．小行列の積は各ブロックを行列の成分のように考えると，行列同士の積の計算と同じようにして求めることができます．

$$A = \begin{pmatrix} a_{11} & a_{12} & a_{13} & a_{14} \\ a_{21} & a_{22} & a_{23} & a_{24} \end{pmatrix}, \quad B = \begin{pmatrix} b_{11} & b_{12} \\ b_{21} & b_{22} \\ b_{31} & b_{32} \\ b_{41} & b_{42} \end{pmatrix} \text{ のとき}$$

$$A_1 = \begin{pmatrix} a_{11} & a_{12} \\ a_{21} & a_{22} \end{pmatrix}, \quad A_2 = \begin{pmatrix} a_{13} & a_{14} \\ a_{23} & a_{24} \end{pmatrix}$$

$$B_1 = \begin{pmatrix} b_{11} & b_{12} \\ b_{21} & b_{22} \end{pmatrix}, \quad B_2 = \begin{pmatrix} b_{31} & b_{32} \\ b_{41} & b_{42} \end{pmatrix}$$

のように小行列に分割します．したがって

$$A = \begin{pmatrix} A_1 & A_2 \end{pmatrix}, \quad B = \begin{pmatrix} B_1 \\ B_2 \end{pmatrix}$$

とおけば

$$AB = \begin{pmatrix} A_1 & A_2 \end{pmatrix} \begin{pmatrix} B_1 \\ B_2 \end{pmatrix} = \begin{pmatrix} A_1 B_1 & + & A_2 B_2 \end{pmatrix}$$

となります．

第2章 行列

$$A_1B_1 = \begin{pmatrix} a_{11} & a_{12} \\ a_{21} & a_{22} \end{pmatrix} \begin{pmatrix} b_{11} & b_{12} \\ b_{21} & b_{22} \end{pmatrix} = \begin{pmatrix} a_{11}b_{11} + a_{12}b_{21} & a_{11}b_{12} + a_{12}b_{22} \\ a_{21}b_{11} + a_{22}b_{21} & a_{21}b_{12} + a_{22}b_{22} \end{pmatrix}$$

$$A_2B_2 = \begin{pmatrix} a_{13} & a_{14} \\ a_{23} & a_{24} \end{pmatrix} \begin{pmatrix} b_{31} & b_{32} \\ b_{41} & b_{42} \end{pmatrix} = \begin{pmatrix} a_{13}b_{31} + a_{14}b_{41} & a_{13}b_{32} + a_{14}b_{42} \\ a_{23}b_{31} + a_{24}b_{41} & a_{23}b_{32} + a_{24}b_{42} \end{pmatrix}$$

であるから,行列の積 AB は

$$\begin{pmatrix} a_{11}b_{11} + a_{12}b_{21} + a_{13}b_{31} + a_{14}b_{41} & a_{11}b_{12} + a_{12}b_{22} + a_{13}b_{32} + a_{14}b_{42} \\ a_{21}b_{11} + a_{22}b_{21} + a_{23}b_{31} + a_{24}b_{41} & a_{21}b_{12} + a_{22}b_{22} + a_{23}b_{32} + a_{24}b_{42} \end{pmatrix}$$

となります.

例 2.15

次の行列の積 AB を小行列をつくり求めてみましょう.

$$A = \begin{pmatrix} 1 & 0 & 0 & 1 \\ 2 & 6 & 1 & 0 \\ 1 & 0 & 3 & 1 \\ 0 & 1 & 0 & 2 \end{pmatrix} \quad B = \begin{pmatrix} 2 & 1 & 3 & 0 \\ 1 & 1 & 0 & 1 \\ 0 & 0 & 1 & 0 \\ 0 & 0 & 0 & 1 \end{pmatrix}$$

行列 A と B を2行2列の小行列に分割すると

$$A = \left(\begin{array}{cc|cc} 1 & 0 & 0 & 1 \\ 2 & 6 & 1 & 0 \\ \hline 1 & 0 & 3 & 1 \\ 0 & 1 & 0 & 2 \end{array}\right) \quad B = \left(\begin{array}{cc|cc} 2 & 1 & 3 & 0 \\ 1 & 1 & 0 & 1 \\ \hline 0 & 0 & 1 & 0 \\ 0 & 0 & 0 & 1 \end{array}\right)$$

となります.行列 A と B を

$$A = \begin{pmatrix} A_1 & A_2 \\ A_3 & A_4 \end{pmatrix}, \quad B = \begin{pmatrix} B_1 & B_2 \\ B_3 & B_4 \end{pmatrix}$$

とします.ただし

$$A_1 = \begin{pmatrix} 1 & 0 \\ 2 & 6 \end{pmatrix}, \quad A_2 = \begin{pmatrix} 0 & 1 \\ 1 & 0 \end{pmatrix}, \quad A_3 = \begin{pmatrix} 1 & 0 \\ 0 & 1 \end{pmatrix}, \quad A_4 = \begin{pmatrix} 3 & 1 \\ 0 & 2 \end{pmatrix}$$

$$B_1 = \begin{pmatrix} 2 & 1 \\ 1 & 1 \end{pmatrix}, \quad B_2 = \begin{pmatrix} 3 & 0 \\ 0 & 1 \end{pmatrix}, \quad B_3 = \begin{pmatrix} 0 & 0 \\ 0 & 0 \end{pmatrix}, \quad B_4 = \begin{pmatrix} 1 & 0 \\ 0 & 1 \end{pmatrix}$$

行列の積 AB は

$$AB = \begin{pmatrix} A_1 & A_2 \\ A_3 & A_4 \end{pmatrix} \begin{pmatrix} B_1 & B_2 \\ B_3 & B_4 \end{pmatrix} = \begin{pmatrix} A_1B_1 + A_2B_3 & A_1B_2 + A_2B_4 \\ A_3B_1 + A_4B_3 & A_3B_2 + A_4B_4 \end{pmatrix}$$

となるから

① $A_1B_1 + A_2B_3 = \begin{pmatrix} 1 & 0 \\ 2 & 6 \end{pmatrix}\begin{pmatrix} 2 & 1 \\ 1 & 1 \end{pmatrix} + \begin{pmatrix} 0 & 1 \\ 1 & 0 \end{pmatrix}\begin{pmatrix} 0 & 0 \\ 0 & 0 \end{pmatrix} = \begin{pmatrix} 2 & 1 \\ 10 & 8 \end{pmatrix}$

② $A_1B_2 + A_2B_4 = \begin{pmatrix} 1 & 0 \\ 2 & 6 \end{pmatrix}\begin{pmatrix} 3 & 0 \\ 0 & 1 \end{pmatrix} + \begin{pmatrix} 0 & 1 \\ 1 & 0 \end{pmatrix}\begin{pmatrix} 1 & 0 \\ 0 & 1 \end{pmatrix} = \begin{pmatrix} 3 & 1 \\ 7 & 6 \end{pmatrix}$

③ $A_3B_1 + A_4B_3 = \begin{pmatrix} 1 & 0 \\ 0 & 1 \end{pmatrix}\begin{pmatrix} 2 & 1 \\ 1 & 1 \end{pmatrix} + \begin{pmatrix} 3 & 1 \\ 0 & 2 \end{pmatrix}\begin{pmatrix} 0 & 0 \\ 0 & 0 \end{pmatrix} = \begin{pmatrix} 2 & 1 \\ 1 & 1 \end{pmatrix}$

④ $A_3B_2 + A_4B_4 = \begin{pmatrix} 1 & 0 \\ 0 & 1 \end{pmatrix}\begin{pmatrix} 3 & 0 \\ 0 & 1 \end{pmatrix} + \begin{pmatrix} 3 & 1 \\ 0 & 2 \end{pmatrix}\begin{pmatrix} 1 & 0 \\ 0 & 1 \end{pmatrix} = \begin{pmatrix} 6 & 1 \\ 0 & 3 \end{pmatrix}$

$AB = \left(\begin{array}{c|c} ① & ② \\ \hline ③ & ④ \end{array} \right)$

とおいて，次のように配列します．

$$\begin{pmatrix} 2 & 1 & 3 & 1 \\ 10 & 8 & 7 & 6 \\ 2 & 1 & 6 & 1 \\ 1 & 1 & 0 & 3 \end{pmatrix}$$

よって，行列の積 AB は

$$AB = \begin{pmatrix} 2 & 1 & 3 & 1 \\ 10 & 8 & 7 & 6 \\ 2 & 1 & 6 & 1 \\ 1 & 1 & 0 & 3 \end{pmatrix}$$

問 2.5

次の行列の積を小行列をつくり求めてみよう．

$$A = \begin{pmatrix} 1 & 0 & 1 & 3 & 1 \\ 0 & 2 & 0 & 1 & 0 \\ 0 & 0 & 1 & 2 & 1 \\ 0 & 0 & 0 & 1 & 0 \\ 0 & 0 & 0 & 0 & 1 \end{pmatrix}, \quad B = \begin{pmatrix} 2 & 1 & 3 & 0 & -6 \\ 0 & 3 & 1 & 0 & 1 \\ 0 & 0 & 0 & 1 & 0 \\ 0 & 0 & 0 & 1 & 0 \\ 0 & 0 & 0 & 0 & 2 \end{pmatrix}$$

2.4 逆行列

0 でない数 a に対して, $ax = xa = 1$ を満たす数 x が a の逆数 $\frac{1}{a} = a^{-1}$ です. 正方行列に対して, 数の逆数に相当するものが逆行列です.

ある n 次の正方行列 A があって, 単位行列 I も同じ型であるとき

$$AX = XA = I$$

を満たす正方行列 X が存在するならば, 行列 X を行列 A の**逆行列** (inverse matrix) といい, 記号 A^{-1} で表します. すなわち

$$AA^{-1} = A^{-1}A$$

ある行列の逆行列が存在すれば, それは 1 つだけです.

↩ A^{-1} は A インバース (inverse) と読む.

↩ 零行列には逆行列はない. また, 零行列でない行列であっても, 逆行列をもつとは限らない. 逆行列をもつ行列を正則行列という.

↩ $\neq A^{-1}B^{-1}$

逆行列の性質

行列 A と B が逆行列をもつならば

1) $(A^{-1})^{-1} = A$
2) $(AB)^{-1} = B^{-1}A^{-1}$

例 2.16

$A = \begin{pmatrix} -5 & 2 \\ 3 & -1 \end{pmatrix}$, $X = \begin{pmatrix} 1 & 2 \\ 3 & 5 \end{pmatrix}$ のとき, 行列 A の逆行列が $A^{-1} = X$, 行列 X の逆行列が $X^{-1} = A$ であれば

■ $AX = I$

$$\begin{pmatrix} -5 & 2 \\ 3 & -1 \end{pmatrix} \begin{pmatrix} 1 & 2 \\ 3 & 5 \end{pmatrix} = \begin{pmatrix} 1 & 0 \\ 0 & 1 \end{pmatrix}$$

■ $XA = I$

$$\begin{pmatrix} 1 & 2 \\ 3 & 5 \end{pmatrix} \begin{pmatrix} -5 & 2 \\ 3 & -1 \end{pmatrix} = \begin{pmatrix} 1 & 0 \\ 0 & 1 \end{pmatrix}$$

となります.

2.4.1 2 次正方行列の逆行列

行列 $A = \begin{pmatrix} a & b \\ c & d \end{pmatrix}$ に対して, $AA^{-1} = I$ を満たす行列を $A^{-1} = \begin{pmatrix} x & z \\ y & w \end{pmatrix}$ とすると

$$\begin{pmatrix} a & b \\ c & d \end{pmatrix} \begin{pmatrix} x & z \\ y & w \end{pmatrix} = \begin{pmatrix} ax+by & az+bw \\ cx+dy & cz+dw \end{pmatrix} = \begin{pmatrix} 1 & 0 \\ 0 & 1 \end{pmatrix}$$

となるから，次の等式が成り立ちます．

$$ax + by = 1 \quad az + bw = 0$$
$$cx + dy = 0 \quad cz + dw = 1$$

これらから

$$(ad - bc)x = d \quad (ad - bc)z = -b$$
$$(ad - bc)y = -c \quad (ad - bc)w = a$$

ここで，$ad - bc = 0$ のときは $a = b = c = d = 0$ となり，A は零行列になるから，$AA^{-1} = I$ と矛盾します．

したがって，$ad - bc \neq 0$ のとき

$$A^{-1} = \begin{pmatrix} x & z \\ y & w \end{pmatrix} = \begin{pmatrix} \dfrac{d}{ad-bc} & \dfrac{-b}{ad-bc} \\ \dfrac{-c}{ad-bc} & \dfrac{a}{ad-bc} \end{pmatrix}$$

よって

$$A^{-1} = \frac{1}{ad-bc} \begin{pmatrix} d & -b \\ -c & a \end{pmatrix}$$

が得られます．なお，3次以上の行列の逆行列の求め方は2.5節，2.6節で解説します．

例 2.17

行列 $A = \begin{pmatrix} 2 & -1 \\ 1 & 3 \end{pmatrix}$ の逆行列 A^{-1} を求めてみましょう．

$$A^{-1} = \frac{1}{2 \cdot 3 + 1} \begin{pmatrix} 3 & 1 \\ -1 & 2 \end{pmatrix} = \frac{1}{7} \begin{pmatrix} 3 & 1 \\ -1 & 2 \end{pmatrix} = \begin{pmatrix} \dfrac{3}{7} & \dfrac{1}{7} \\ -\dfrac{1}{7} & \dfrac{2}{7} \end{pmatrix}$$

問 2.6

次の行列の逆行列を求めてみよう．

1) $\begin{pmatrix} 1 & 5 \\ 3 & 2 \end{pmatrix}$ 2) $\begin{pmatrix} 1 & 2 \\ 3 & 4 \end{pmatrix}$

3) $\begin{pmatrix} \cos\theta & -\sin\theta \\ \sin\theta & \cos\theta \end{pmatrix}$

2.5 行列の基本変形と逆行列

行列に対して，行に次のような操作

行に関する基本操作
(I) 行列のある行を $k\,(\neq 0)$ 倍する
(II) 行列のある行を $k\,(\neq 0)$ 倍して，他の行に加える
(III) 行列の任意の 2 つの行を入れ替える

をすることを**行に関する基本変形**（elementary operations with respect to rows）といい，また，列に次のような操作

列に関する基本操作
(I) 行列のある列を $k\,(\neq 0)$ 倍する
(II) 行列のある列を $k\,(\neq 0)$ 倍して，他の列に加える
(III) 行列の任意の 2 つの列を入れ替える

をすることを**列に関する基本変形**（elementary operations with respect to columns）といいます．

ここでは行に関する基本変形を用いて逆行列を求めてみます．

単位行列 $I = \begin{pmatrix} 1 & 0 \\ 0 & 1 \end{pmatrix}$ に，1 回の行基本変形を行って得られる行列を**基本行列**（elementary matrix）といい，基本行列には

(I) 行列のある行を $k\,(\neq 0)$ 倍する
$$\begin{pmatrix} k & 0 \\ 0 & 1 \end{pmatrix}$$

(II) 行列のある行を $k\,(\neq 0)$ 倍して，他の行に加える
$$\begin{pmatrix} 1 & 0 \\ k & 1 \end{pmatrix}$$

(III) 行列の任意の 2 つの行を入れ替える
$$\begin{pmatrix} 0 & 1 \\ 1 & 0 \end{pmatrix}$$

があります．

これらの基本行列を行列
$$\begin{pmatrix} a_{11} & a_{12} \\ a_{21} & a_{22} \end{pmatrix}$$

◐ 基本変形の目的は基本変形を行って簡単な形の行列に変形し，行列のもついろいろな情報を取り出すことにある．

に左からかけると，それぞれ次のようになります．

(I) $\begin{pmatrix} k & 0 \\ 0 & 1 \end{pmatrix} \begin{pmatrix} a_{11} & a_{12} \\ a_{21} & a_{22} \end{pmatrix} = \begin{pmatrix} ka_{11} & ka_{12} \\ a_{21} & a_{22} \end{pmatrix}$

(II) $\begin{pmatrix} 1 & 0 \\ k & 1 \end{pmatrix} \begin{pmatrix} a_{11} & a_{12} \\ a_{21} & a_{22} \end{pmatrix} = \begin{pmatrix} a_{11} & a_{12} \\ ka_{11} + a_{21} & ka_{12} + a_{22} \end{pmatrix}$

(III) $\begin{pmatrix} 0 & 1 \\ 1 & 0 \end{pmatrix} \begin{pmatrix} a_{11} & a_{12} \\ a_{21} & a_{22} \end{pmatrix} = \begin{pmatrix} a_{21} & a_{22} \\ a_{11} & a_{12} \end{pmatrix}$

例 2.18

$A = \begin{pmatrix} 2 & -1 \\ 1 & 3 \end{pmatrix}$ の逆行列 A^{-1} を基本行列を用いて求めてみましょう．

まず，$(A, I) = \begin{pmatrix} 2 & -1 & | & 1 & 0 \\ 1 & 3 & | & 0 & 1 \end{pmatrix}$ とおきます．

1) 第 1 行を $\frac{1}{2}$ 倍する基本行列は

$$\begin{pmatrix} \frac{1}{2} & 0 \\ 0 & 1 \end{pmatrix}$$

2) 第 1 行を (-1) 倍して，第 2 行に加える基本行列は

$$\begin{pmatrix} 1 & 0 \\ -1 & 1 \end{pmatrix}$$

3) 第 2 行を $\frac{2}{7}$ 倍する基本行列は

$$\begin{pmatrix} 1 & 0 \\ 0 & \frac{2}{7} \end{pmatrix}$$

4) 第 2 行を $\frac{1}{2}$ 倍して第 1 行に加える基本行列は

$$\begin{pmatrix} 1 & \frac{1}{2} \\ 0 & 1 \end{pmatrix}$$

これらの基本行列を，行列 A と単位行列 I に左からかけると次のよ

うになります．

1) $\begin{pmatrix} \frac{1}{2} & 0 \\ 0 & 1 \end{pmatrix}$ をかけると $\left\{ A = \begin{pmatrix} 2 & -1 \\ 1 & 3 \end{pmatrix} I = \begin{pmatrix} 1 & 0 \\ 0 & 1 \end{pmatrix} \right\}$

⬅ $\begin{pmatrix} \frac{1}{2} & 0 \\ 0 & 1 \end{pmatrix} \begin{pmatrix} 2 & -1 \\ 1 & 3 \end{pmatrix}$
$= \begin{pmatrix} 1 & -\frac{1}{2} \\ 1 & 3 \end{pmatrix}$

$\begin{pmatrix} \frac{1}{2} & 0 \\ 0 & 1 \end{pmatrix} \begin{pmatrix} 1 & 0 \\ 0 & 1 \end{pmatrix}$
$= \begin{pmatrix} \frac{1}{2} & 0 \\ 0 & 1 \end{pmatrix}$

⇩ ⇩

2) $\begin{pmatrix} 1 & 0 \\ -1 & 1 \end{pmatrix}$ をかけると $\left\{ \begin{pmatrix} 1 & -\frac{1}{2} \\ 1 & 3 \end{pmatrix} \begin{pmatrix} \frac{1}{2} & 0 \\ 0 & 1 \end{pmatrix} \right\}$

⇩ ⇩

3) $\begin{pmatrix} 1 & 0 \\ 0 & \frac{2}{7} \end{pmatrix}$ をかけると $\left\{ \begin{pmatrix} 1 & -\frac{1}{2} \\ 0 & \frac{7}{2} \end{pmatrix} \begin{pmatrix} \frac{1}{2} & 0 \\ -\frac{1}{2} & 1 \end{pmatrix} \right\}$

⇩ ⇩

4) $\begin{pmatrix} 1 & \frac{1}{2} \\ 0 & 1 \end{pmatrix}$ をかけると $\left\{ \begin{pmatrix} 1 & -\frac{1}{2} \\ 0 & 1 \end{pmatrix} \begin{pmatrix} \frac{1}{2} & 0 \\ -\frac{1}{7} & \frac{2}{7} \end{pmatrix} \right\}$

⇩ ⇩

$\begin{pmatrix} 1 & 0 \\ 0 & 1 \end{pmatrix}$ $\begin{pmatrix} \frac{3}{7} & \frac{1}{7} \\ -\frac{1}{7} & \frac{2}{7} \end{pmatrix}$

これらの結果から，行列 A に順次，基本行列を左からかけると単位行列 I になります．

$$\begin{pmatrix} 1 & \frac{1}{2} \\ 0 & 1 \end{pmatrix} \begin{pmatrix} 1 & 0 \\ 0 & \frac{2}{7} \end{pmatrix} \begin{pmatrix} 1 & 0 \\ -1 & 1 \end{pmatrix} \begin{pmatrix} \frac{1}{2} & 0 \\ 0 & 1 \end{pmatrix} A = I$$

同様に，単位行列 I に順次，基本行列を左からかけると逆行列 A^{-1} が得られます．

$$\begin{pmatrix} 1 & \frac{1}{2} \\ 0 & 1 \end{pmatrix} \begin{pmatrix} 1 & 0 \\ 0 & \frac{1}{2} \end{pmatrix} \begin{pmatrix} 1 & 0 \\ -1 & 1 \end{pmatrix} \begin{pmatrix} \frac{1}{2} & 0 \\ 0 & 1 \end{pmatrix} I = A^{-1}$$

よって，$A = \begin{pmatrix} 2 & -1 \\ 1 & 3 \end{pmatrix}$ の逆行列 A^{-1} は上記の 4 つの行列の積により

$$A^{-1} = \begin{pmatrix} \frac{3}{7} & \frac{1}{7} \\ -\frac{1}{7} & \frac{2}{7} \end{pmatrix}$$

この行基本変形の操作を表にすると次のようになります．

(A)		(I)		基本変形	行
2	-1	1	0		①
1	3	0	1		②
1	$-\frac{1}{2}$	$\frac{1}{2}$	0	①$\times \frac{1}{2}$	①$'$
1	3	0	1		②
1	$-\frac{1}{2}$	$\frac{1}{2}$	0		①$'$
0	$\frac{7}{2}$	$-\frac{1}{2}$	1	② + ①$'\times(-1)$	②$'$
1	$-\frac{1}{2}$	$\frac{1}{2}$	0		①$'$
0	1	$-\frac{1}{7}$	$\frac{2}{7}$	②$\times \left(\frac{2}{7}\right)$	②$''$
1	0	$\frac{3}{7}$	$\frac{1}{7}$	①$'$ + ②$''\times\left(\frac{1}{2}\right)$	
0	1	$-\frac{1}{7}$	$\frac{2}{7}$		

例 2.19

基本変形を用いて，行列 $A = \begin{pmatrix} 1 & 3 & 3 \\ 1 & 4 & 3 \\ 1 & 3 & 4 \end{pmatrix}$ の逆行列 A^{-1} を求めてみましょう．

第1行を (-1) 倍して第2行に加える．

$$\begin{pmatrix} 1 & 0 & 0 \\ -1 & 1 & 0 \\ 0 & 0 & 1 \end{pmatrix} \begin{pmatrix} 1 & 3 & 3 \\ 1 & 4 & 3 \\ 1 & 3 & 4 \end{pmatrix} = \begin{pmatrix} 1 & 3 & 3 \\ 0 & 1 & 0 \\ 1 & 3 & 4 \end{pmatrix}$$

第1行を (-1) 倍して第3行に加える．

$$\begin{pmatrix} 1 & 0 & 0 \\ 0 & 1 & 0 \\ -1 & 0 & 1 \end{pmatrix} \begin{pmatrix} 1 & 3 & 3 \\ 0 & 1 & 0 \\ 1 & 3 & 4 \end{pmatrix} = \begin{pmatrix} 1 & 3 & 3 \\ 0 & 1 & 0 \\ 0 & 0 & 1 \end{pmatrix}$$

第2行を (-3) 倍して第1行に加える．

$$\begin{pmatrix} 1 & -3 & 0 \\ 0 & 1 & 0 \\ 0 & 0 & 1 \end{pmatrix} \begin{pmatrix} 1 & 3 & 3 \\ 0 & 1 & 0 \\ 0 & 0 & 1 \end{pmatrix} = \begin{pmatrix} 1 & 0 & 3 \\ 0 & 1 & 0 \\ 0 & 0 & 1 \end{pmatrix}$$

第3行を (-3) 倍して第1行に加える.

$$\begin{pmatrix} 1 & 0 & -3 \\ 0 & 1 & 0 \\ 0 & 0 & 1 \end{pmatrix} \begin{pmatrix} 1 & 0 & 3 \\ 0 & 1 & 0 \\ 0 & 0 & 1 \end{pmatrix} = \begin{pmatrix} 1 & 0 & 0 \\ 0 & 1 & 0 \\ 0 & 0 & 1 \end{pmatrix}$$

単位行列 I に順次,基本行列を左からかけると逆行列 A^{-1} が得られるから

$$\begin{pmatrix} 1 & 0 & -3 \\ 0 & 1 & 0 \\ 0 & 0 & 1 \end{pmatrix} \begin{pmatrix} 1 & -3 & 0 \\ 0 & 1 & 0 \\ 0 & 0 & 1 \end{pmatrix} \begin{pmatrix} 1 & 0 & 0 \\ 0 & 1 & 0 \\ -1 & 0 & 1 \end{pmatrix} \begin{pmatrix} 1 & 0 & 0 \\ -1 & 1 & 0 \\ 0 & 0 & 1 \end{pmatrix} I = A^{-1}$$

したがって,逆行列 A^{-1} は上記4つの行列の積より

$$A^{-1} = \begin{pmatrix} 7 & -3 & -3 \\ -1 & 1 & 0 \\ -1 & 0 & 1 \end{pmatrix}$$

となります.

なお,ここでは行基本変形で逆行列を求めたので,基本行列を左からかけたが,列基本変形では基本行列を右からかけるので注意が必要です.

問 2.7

行基本変形を用いて,次の行列 A の逆行列 A^{-1} を求めてみよう.

1) $\begin{pmatrix} 1 & -2 \\ 1 & -1 \end{pmatrix}$ 2) $\begin{pmatrix} 3 & 7 \\ 2 & 1 \end{pmatrix}$

問 2.8

次の行列 A の逆行列 A^{-1} を求めてみよう.

1) $\begin{pmatrix} 2 & 3 & 4 \\ 1 & 2 & 3 \\ -1 & 1 & 4 \end{pmatrix}$ 2) $\begin{pmatrix} -3 & -1 & 1 \\ 1 & 0 & 2 \\ 1 & 2 & 0 \end{pmatrix}$

2.6 行列の多項式

行列 A だけで成り立つ多項式であれば,$AI = IA$ であるから,行列の多項式は数の多項式と同じように計算することができます.

⬅ 2つの行列 A, B の積では,一般に $A \neq B$ であるから,行列 A, B が含まれる多項式では数の多項式と同じように扱えない.たとえば $(A+B)^2 = A^2 + 2AB + B^2$ は成り立たない.

> **例** 2.20

x の恒等式では，次のように x を行列 A で置き換えた式でもつねに成り立ちます．

1) $(x+1)^2 = x^2 + 2x + 1$　の x を行列 A で置き換えると
 $\longrightarrow (A+I)^2 = A^2 + 2A + I$
2) $(x+1)^3 = x^3 + 3x^2 + 3x + 1 \longrightarrow (A+I)^3 = A^3 + 3A^2 + 3A + I$
3) $(x-2)(x-4) = x^2 - 6x + 8 \longrightarrow (A-2)(A-4) = A^2 - 6A + 8I$

ただし，行列 A で置き換えるとき，定数項には I（単位行列）をつけます．

2.6.1 ケーリー・ハミルトンの定理

任意の2次の正方行列

$$A = \begin{pmatrix} a & b \\ c & d \end{pmatrix}$$

に対して

$$A^2 - (a+d)A + (ad-bc)I = O$$

のような行列の多項式が成り立ちます．

ここで $a+d$ は**トレース**（trace）といい，$ad-bc$ は行列式といいます．これを**ケーリー・ハミルトンの定理**（Cayley-Hamilton theorem）といいます．この定理が成り立っていることを，行列 A の成分を代入して確認しておきましょう．

⬅ 行列 A において，主対角線上の成分の和を行列のトレースまたは跡といい，$\mathrm{tr}(A)$ で表す．

$$\begin{aligned}
& A^2 - (a+d)A + (ad-bc)I \\
&= \begin{pmatrix} a & b \\ c & d \end{pmatrix}\begin{pmatrix} a & b \\ c & d \end{pmatrix} - (a+d)\begin{pmatrix} a & b \\ c & d \end{pmatrix} + (ad-bc)\begin{pmatrix} 1 & 0 \\ 0 & 1 \end{pmatrix} \\
&= \begin{pmatrix} a^2+bc & ab+bd \\ ac+cd & bc+d^2 \end{pmatrix} - \begin{pmatrix} a^2+ad & ab+bd \\ ac+cd & ad+d^2 \end{pmatrix} + \begin{pmatrix} ad-bc & 0 \\ 0 & ad-bc \end{pmatrix} \\
&= \begin{pmatrix} 0 & 0 \\ 0 & 0 \end{pmatrix} = O
\end{aligned}$$

また，ケーリー・ハミルトンの定理 $A^2 - (a+d)A + (ad-bc)I = O$ を変形すると

⬅ ハミルトン・ケーリーの定理ともいう．

$$A^2 = (a+d)A - (ad-bc)I$$

となるから，これは行列 A の 2 次式を行列 A の 1 次式で表せることを示しています．このため，この定理は行列の多項式の次数を下げたいときに主として用いられます．

例 2.21

$A = \begin{pmatrix} 1 & 2 \\ 2 & 5 \end{pmatrix}$ であるとき，A^3 を求めてみましょう．

ケーリー・ハミルトンの定理より

$$A^2 - 6A + I = O$$

よって $A^2 = 6A - I$ を用いて，A^3 の次数を下げると

$$A^3 = A \cdot A^2 = A(6A-I) = 6A^2 - IA = 6(6A-I) - IA = 36A - A - 6I = 35A - 6I$$

となるから

$$35 \begin{pmatrix} 1 & 2 \\ 2 & 5 \end{pmatrix} - 6 \begin{pmatrix} 1 & 0 \\ 0 & 1 \end{pmatrix} = \begin{pmatrix} 35 & 70 \\ 70 & 175 \end{pmatrix} - \begin{pmatrix} 6 & 0 \\ 0 & 6 \end{pmatrix} = \begin{pmatrix} 29 & 70 \\ 70 & 169 \end{pmatrix}$$

問 2.9

$A = \begin{pmatrix} 4 & -1 \\ 2 & 1 \end{pmatrix}$ であるとき，A^2, A^3, A^6 を求めてみよう．

行列の累乗
- 正方行列 A の n 乗を
$A^1 = A,$
$A^2 = A \cdot A,$
$A^3 = A \cdot A \cdot A,$
$A^n = \overbrace{A \cdot A \cdot A \cdot A \cdots A}^{n}$
また，$A^0 = I$（単位行列）と定義する．

- 正方行列 A の負の n 乗を
$A^{-n} = (A^{-1})^n$
と定義する．

練習問題

1. 次の計算をしなさい．
$$3\begin{pmatrix} 2 & -5 & 1 \\ 3 & 0 & -4 \end{pmatrix} - 2\begin{pmatrix} 1 & -2 & -3 \\ 0 & -1 & 5 \end{pmatrix} + 4\begin{pmatrix} 0 & 1 & -2 \\ 1 & -1 & -1 \end{pmatrix}$$

2. $A = \begin{pmatrix} 3 & 0 \\ 3 & 9 \\ -9 & 6 \end{pmatrix}$, $B = \begin{pmatrix} -3 & -2 \\ 1 & -5 \\ 4 & 3 \end{pmatrix}$ のとき，$A + 2X = 3B - X$

    を満たす行列 X を求めよ．

3. $A = \begin{pmatrix} 3 & 1 \\ 2 & -3 \end{pmatrix}$, $B = \begin{pmatrix} -3 & 7 \\ 2 & -5 \end{pmatrix}$ のとき，次の等式を満たす

    行列 X を求めなさい．

    (1) $3A + X = 2B$ (2) $3A + 2X = B$

4. 次を満たす行列 X, Y を求めなさい．
$$X - Y = \begin{pmatrix} -2 & 3 \\ -1 & -1 \end{pmatrix}, \quad 2X + 3Y = \begin{pmatrix} 1 & -4 \\ 3 & -2 \end{pmatrix}$$

5. 次の行列の積を計算しなさい．

    (1) $\begin{pmatrix} 1 & -2 \\ 3 & 2 \\ 4 & -1 \end{pmatrix} \begin{pmatrix} -2 & 6 & -4 \\ 3 & -6 & 3 \end{pmatrix}$

    (2) $\begin{pmatrix} 1 & 3 & -4 \\ 1 & -1 & 1 \\ -2 & 1 & 2 \end{pmatrix} \begin{pmatrix} 1 & -2 \\ 3 & 2 \\ 4 & -1 \end{pmatrix}$

    (3) $\begin{pmatrix} \sin\theta & -\cos\theta \\ \cos\theta & \sin\theta \end{pmatrix} \begin{pmatrix} \sin\theta & \cos\theta \\ -\cos\theta & \sin\theta \end{pmatrix}$

    (4) $\begin{pmatrix} 2 \\ 5 \end{pmatrix} \begin{pmatrix} 1 & 2 & 3 \end{pmatrix}$

    (5) $\begin{pmatrix} x & y & 1 \end{pmatrix} \begin{pmatrix} 1 & a & b \\ a & 1 & c \\ b & c & 1 \end{pmatrix} \begin{pmatrix} x \\ y \\ 1 \end{pmatrix}$

(6) $\begin{pmatrix} 1 & 1 & 1 \\ 0 & 1 & 1 \\ 0 & 0 & 1 \end{pmatrix}^3$

6. $A = \begin{pmatrix} 2 & 0 \\ -3 & 1 \end{pmatrix}$, $B = \begin{pmatrix} 0 & 3 \\ 1 & -1 \end{pmatrix}$ のとき，次を計算しなさい．

(1) $(A+B)(A-B)$ (2) $(A^2 - B^2)$

7. 次の方程式を解きなさい．ただし，X は 2 次の正方行列とする．

(1) $\begin{pmatrix} 3 & 5 \\ 1 & 2 \end{pmatrix} X = \begin{pmatrix} 4 & -5 \\ 6 & 8 \end{pmatrix}$

(2) $X \begin{pmatrix} 3 & 5 \\ 1 & 2 \end{pmatrix} = \begin{pmatrix} 4 & -5 \\ 6 & 8 \end{pmatrix}$

8. 次の行列 A の逆行列 A^{-1} をケーリー・ハミルトンの定理を用いて求めなさい．

(1) $A = \begin{pmatrix} 1 & 3 \\ 4 & 2 \end{pmatrix}$ (2) $A = \begin{pmatrix} 6 & -2 \\ 3 & 5 \end{pmatrix}$

9. 次の行列 A の逆行列 A^{-1} を求めなさい．

(1) $\begin{pmatrix} 2 & -1 \\ 5 & -3 \end{pmatrix}$ (2) $\begin{pmatrix} 0 & 1 & 1 \\ 1 & 0 & 2 \\ 1 & 2 & 0 \end{pmatrix}$

第 3 章

行列式

3.1 行列式とその意味

2 次の正方行列

$$A = \begin{pmatrix} a_{11} & a_{12} \\ a_{21} & a_{22} \end{pmatrix}$$

と配列が同じものを

$$|A| = \begin{vmatrix} a_{11} & a_{12} \\ a_{21} & a_{22} \end{vmatrix}$$

と書き，$a_{11}a_{22} - a_{12}a_{21}$ を行列 A の**行列式**（determinant）といい

$\det A, \quad |A|$

などで表します.

> ⬅ $\det A$ の det は determinant の略で，決定因子という意味である．

ここで $|A|$ は A の絶対値を表しているものではなく，行列式の記号です．この行列式の意味は図 3.1 に示されるように実線のように右下がりに並んでいる数の積には正号 + を，破線のように並んでいる数の積には負号 − を付けて加え合わせた数になります．すなわち，**2 次の行列式**（determinant of the second order）は次のように定義されます．

> ⬅ 行列式は正方行列に対してのみ考えられる．

$$|A| = \begin{vmatrix} a_{11} & a_{12} \\ a_{21} & a_{22} \end{vmatrix} = a_{11}a_{22} - a_{12}a_{21}$$

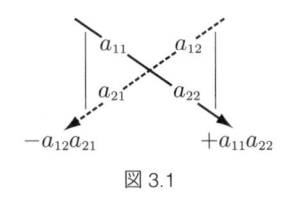

図 3.1

第 3 章 行列式

例 3.1

$$|A| = \begin{vmatrix} 3 & 4 \\ -1 & 2 \end{vmatrix} = 3 \times 2 - 4 \times (-1) = 10$$

なお，1×1 行列

$$A = \begin{pmatrix} a_{11} \end{pmatrix}$$

の行列式は

$$|A| = \begin{vmatrix} a_{11} \end{vmatrix}$$

と書き，これを **1 次の行列式**（determinant of the first order）といいます．同様に 3 次の行列式は

$$\begin{vmatrix} a_{11} & a_{12} & a_{13} \\ a_{21} & a_{22} & a_{23} \\ a_{31} & a_{32} & a_{33} \end{vmatrix} = a_{11}a_{22}a_{33} + a_{12}a_{23}a_{31} + a_{13}a_{21}a_{32} \\ - a_{13}a_{22}a_{31} - a_{12}a_{21}a_{33} - a_{11}a_{23}a_{32}$$

のように定義されます．

例 3.2

$$\begin{vmatrix} 2 & 3 & -1 \\ 1 & 0 & 2 \\ 2 & -3 & 6 \end{vmatrix} = 2 \cdot 0 \cdot 6 + 3 \cdot 2 \cdot 2 + (-1) \cdot (-3) \cdot 1 \\ - (-1) \cdot 0 \cdot 2 - 2 \cdot (-3) \cdot 2 - 6 \cdot 1 \cdot 3 = 9$$

この 3 次の行列式の展開式には便利な記憶方法があります．これを**サラスの法則**（Sarrus's law）または**関-Sarrus の法則**といいます．

図 3.2 に 3 次の行列式の値を求める関-Sarrus の法則（いわゆる "たすきがけ" 法ともいう）を示します．ただし，この法則は 3 次以下のときのみに使える方法であることに注意する必要があります．4 次以上のときは行列式を展開して，3 次以下に次数を下げてから計算します．

ここで行列式の値を求めるときの，$+$ と $-$ の符号を決める一般的な定義について考えてみましょう．

まず，準備作業として順列について，偶順列と奇順列の意味から調べます．1 から n までの整数の集合 $\{1, 2, 3, \cdots, n\}$ をある順序に並べたものを**順列**（permutation）といい

← 単位行列の行列式は 1 になる．

$$|I| = \begin{vmatrix} 1 & 0 & 0 \\ 0 & 1 & 0 \\ 0 & 0 & 1 \end{vmatrix} = 1$$

$-I$ の行列式は -1 ではない．$|-I| = (-1)^n$ であるから，注意が必要である．

サラス（1798–1861）
Pierre Frédéric Sarrus. フランスの数学者．サラスの法則の考案者とされている．この法則は 1833 年に発表された．

関孝和（1640 頃–1708）

江戸中期の数学者．1683 年「解伏題之法」が刊行され，行列式（交式斜乗法）が発表された．行列式は西洋で発見されたものであると思われがちであるが，日本の関孝和の方が早く発表している．

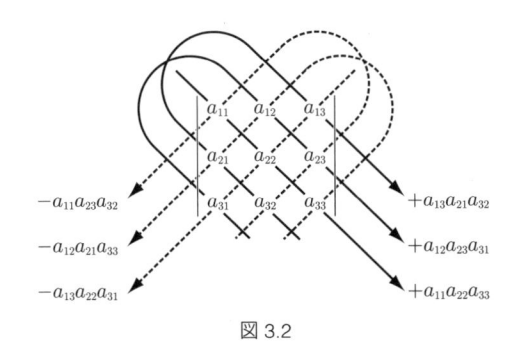

$$-a_{11}a_{23}a_{32} \qquad +a_{13}a_{21}a_{32}$$
$$-a_{12}a_{21}a_{33} \qquad +a_{12}a_{23}a_{31}$$
$$-a_{13}a_{22}a_{31} \qquad +a_{11}a_{22}a_{33}$$

図 3.2

$$\begin{pmatrix} i_1, i_2, i_3, \cdots, i_n \end{pmatrix}$$

で表します．この順列の個数は

$$n! = n \cdot (n-1) \cdot (n-2) \cdots 3 \cdot 2 \cdot 1$$

になります．たとえば $\{1,2,3\}$ の順列は

$$3! = 3 \cdot 2 \cdot 1 = 6 \text{ 個}$$

になり，すべて書き出すと

$(1,2,3) \quad (1,3,2) \quad (2,1,3)$
$(2,3,1) \quad (3,1,2) \quad (3,2,1)$

$\{1,2,3,4\}$ の順列は

$$4! = 4 \cdot 3 \cdot 2 \cdot 1 = 24 \text{ 個}$$

となります．

基本となる順列 $(1,2,3,\cdots,n)$ は，数字が左側から小さい順に並んでいるので，これらの数字のなかでどの2つの数字をとっても，必ず右側の数字の方が大きくなっています．いま適当に2つの数字を取り出したとき，左側の数字の方が右側の数字より大きくなっていれば，この2つの数字の組は**転倒**または**反転**しているといいます．転倒または反転している組の総数を，その順列の**転倒数**（the number of reversals）または**反転数**（the number of inversions）といいます．

基本順列 $(1,2,3,4)$ に対する順列 $(3,4,2,1)$ の場合の転倒数を求めてみましょう．

① 最初の数字3に対しては，右側に3より小さい数字が2つ（2と1）あり，転倒数は2になります．

② 2番目の数字4に対しては，右側に4より小さい数字が2つ（2と

1）あり，転倒数は 2 になります．
③ 次に数字 2 に対しては，右側に 2 より小さい数字が 1 つ（1）あり，転倒数は 1 になります．

したがって，順列 $(3,4,2,1)$ の転倒している組の総数は $2+2+1=5$ 個となり，奇数であるから**奇順列**（odd permutation）といいます．また，順列 $(1,4,2,3)$ の転倒している組の総数が偶数のときは**偶順列**（even permutation）といいます．

一般に順列 $(i_1, i_2, i_3, \cdots, i_n)$ が m 個の転倒数をもっているとき，その符号を

$$\mathrm{sgn}(i_1, i_2, i_3, \cdots, i_n) = (-1)^m$$

で定義します．sgn はラテン語 signum（符号）の略でシグナムと読み，この記号はクロネッカー（Kronecker）が初めて使ったといわれています．

$$|A| = \begin{vmatrix} a_{11} & a_{12} & \cdots & a_{1n} \\ a_{21} & a_{22} & \cdots & a_{2n} \\ \vdots & \vdots & \ddots & \vdots \\ a_{n1} & a_{n2} & \cdots & a_{nn} \end{vmatrix}$$
$$= \sum_{(i_1, \cdots, i_n)} \mathrm{sgn}(i_1, i_2, i_3, \cdots, i_n) a_{1i_1} a_{2i_2}, \cdots, a_{ni_n}$$

したがって，先ほどの順列 (1,2,3) について，転倒数，順列の偶・奇，符号をまとめると次の表 3.1 のようになります．

表 3.1

順列	転倒数	順列の偶・奇	符号
(1,2,3)	0	偶順列	1
(1,3,2)	1	奇順列	-1
(2,1,3)	1	奇順列	-1
(2,3,1)	2	偶順列	1
(3,1,2)	2	偶順列	1
(3,2,1)	3	奇順列	-1

この表より，3 次の行列式

$$\begin{vmatrix} a_{11} & a_{12} & a_{13} \\ a_{21} & a_{22} & a_{23} \\ a_{31} & a_{32} & a_{33} \end{vmatrix}$$

の値を，この定義式から導くと次のようになります．

$$|A| = \sum \mathrm{sgn}(i_1, i_2, i_3) a_{1i_1} a_{2i_2} a_{3i_3}$$
$$= \mathrm{sgn}(123)a_{11}a_{22}a_{33} + \mathrm{sgn}(132)a_{11}a_{23}a_{32} + \mathrm{sgn}(213)a_{12}a_{21}a_{33}$$
$$+ \mathrm{sgn}(231)a_{12}a_{23}a_{31} + \mathrm{sgn}(312)a_{13}a_{21}a_{32} + \mathrm{sgn}(321)a_{13}a_{22}a_{31}$$
$$= a_{11}a_{22}a_{33} - a_{11}a_{23}a_{32} - a_{12}a_{21}a_{33} + a_{12}a_{23}a_{31} + a_{13}a_{21}a_{32} - a_{13}a_{22}a_{31}$$

問 3.1

$\{1, 2, 3, 4\}$ の順列を偶順列と奇順列に分けて, すべて書きだしてみよう.

問 3.2

次の行列式の値をサラスの法則で求めてみよう.

1) $\begin{vmatrix} 2 & -3 \\ 4 & 1 \end{vmatrix}$ 2) $\begin{vmatrix} \cos\theta & -\sin\theta \\ \sin\theta & \cos\theta \end{vmatrix}$

3) $\begin{vmatrix} a & b & c \\ c & a & b \\ b & c & a \end{vmatrix}$

問 3.3

次の行列式の値を満たす x を求めてみよう.

1) $\begin{vmatrix} 4 & -2 \\ 10 & x \end{vmatrix} = 0$ 2) $\begin{vmatrix} 1-x & 0 & -1 \\ 1 & 2-x & 1 \\ 2 & 2 & 3-x \end{vmatrix} = 0$

3.2 行列式の性質

行列式のいろいろな性質を 3 次の行列式を使って説明しますが, これらの性質はすべて一般の n 次の行列式に対しても成り立ちます.

性質 1 行列式の 2 つの行 (列) を交換すれば, 行列式はその符号を変える.

$$\begin{vmatrix} a_{11} & a_{12} & a_{13} \\ a_{21} & a_{22} & a_{23} \\ a_{31} & a_{32} & a_{33} \end{vmatrix} = - \begin{vmatrix} a_{21} & a_{22} & a_{23} \\ a_{11} & a_{12} & a_{13} \\ a_{31} & a_{32} & a_{33} \end{vmatrix}$$

(第 1 行と第 2 行を交換した.)

性質 2 行列式 $|A|$ の行と列を入れ替えて作られた転置行列式 $|{}^tA|$ はも

との行列式に等しい．

$$|A| = |{}^tA|$$

このことから，行のもつ性質は列のもつ性質でもあることがわかる．

$$\begin{vmatrix} a_{11} & a_{12} & a_{13} \\ a_{21} & a_{22} & a_{23} \\ a_{31} & a_{32} & a_{33} \end{vmatrix} = \begin{vmatrix} a_{11} & a_{21} & a_{31} \\ a_{12} & a_{22} & a_{32} \\ a_{13} & a_{23} & a_{33} \end{vmatrix}$$

性質 3 行列式の同じ行（列）が 2 つあれば行列式は 0 になる．

$$\begin{vmatrix} a_{11} & a_{12} & a_{13} \\ a_{11} & a_{12} & a_{13} \\ a_{31} & a_{32} & a_{33} \end{vmatrix} = 0$$

（第 1 行と第 2 行が同じ．）

性質 4 行列式の 1 つの行（列）のすべての成分に共通な因数は，行列式の外にくくり出せる．

$$\begin{vmatrix} a_{11} & a_{12} & a_{13} \\ ka_{21} & ka_{22} & ka_{23} \\ a_{31} & a_{32} & a_{33} \end{vmatrix} = k \begin{vmatrix} a_{11} & a_{12} & a_{13} \\ a_{21} & a_{22} & a_{23} \\ a_{31} & a_{32} & a_{33} \end{vmatrix}$$

（第 2 行の k を行列式の外にくくり出した．）

$$\begin{vmatrix} ka_{11} & a_{12} & a_{13} \\ ka_{21} & a_{22} & a_{23} \\ ka_{31} & a_{32} & a_{33} \end{vmatrix} = k \begin{vmatrix} a_{11} & a_{12} & a_{13} \\ a_{21} & a_{22} & a_{23} \\ a_{31} & a_{32} & a_{33} \end{vmatrix}$$

（第 1 列の k を行列式の外にくくり出した．）

性質 5 行列式の 1 つの行（列）のすべての成分が 0 であれば，その行列式は 0 になる．

$$\begin{vmatrix} a_{11} & a_{12} & a_{13} \\ 0 & 0 & 0 \\ a_{31} & a_{32} & a_{33} \end{vmatrix} = 0$$

$$\begin{vmatrix} 0 & a_{12} & a_{13} \\ 0 & a_{22} & a_{23} \\ 0 & a_{32} & a_{33} \end{vmatrix} = 0$$

性質 6 行列式の 1 つの行（列）のすべての成分が 2 数の和であるとき，この行列式はその行（列）の成分を 2 つに分けてできる 2 つの行列式の和で表される．

$$\begin{vmatrix} a_{11} & a_{12} & a_{13} \\ a_{21} & a_{22} & a_{23} \\ a_{31}+b_1 & a_{32}+b_2 & a_{33}+b_3 \end{vmatrix} = \begin{vmatrix} a_{11} & a_{12} & a_{13} \\ a_{21} & a_{22} & a_{23} \\ a_{31} & a_{32} & a_{33} \end{vmatrix} + \begin{vmatrix} a_{11} & a_{12} & a_{13} \\ a_{21} & a_{22} & a_{23} \\ b_1 & b_2 & b_3 \end{vmatrix}$$

性質 7 行列式の 2 つの行（列）が比例するとき，その行列式の値は 0 である．
第 1 行と第 2 行が比例していて，その比例定数を k とすると

$$\frac{a_{11}}{a_{21}} = \frac{a_{12}}{a_{22}} = \frac{a_{13}}{a_{23}} = k$$

$$\begin{vmatrix} a_{11} & a_{12} & a_{13} \\ a_{21} & a_{22} & a_{23} \\ a_{31} & a_{32} & a_{33} \end{vmatrix} = \begin{vmatrix} ka_{21} & ka_{22} & ka_{23} \\ a_{21} & a_{22} & a_{23} \\ a_{31} & a_{32} & a_{33} \end{vmatrix} = k \begin{vmatrix} a_{21} & a_{22} & a_{23} \\ a_{21} & a_{22} & a_{23} \\ a_{31} & a_{32} & a_{33} \end{vmatrix} = 0$$

性質 8 1 つの行（列）の各成分に，他の行（列）の成分に比例する数 (k) を加えてもその行列式の値は変わらない．

$$\begin{vmatrix} a_{11} & a_{12} & a_{13} \\ a_{21} & a_{22} & a_{23} \\ a_{31} & a_{32} & a_{33} \end{vmatrix} = \begin{vmatrix} a_{11}+ka_{21} & a_{12}+ka_{22} & a_{13}+ka_{23} \\ a_{21} & a_{22} & a_{23} \\ a_{31} & a_{32} & a_{33} \end{vmatrix}$$

$$= \begin{vmatrix} a_{11} & a_{12} & a_{13} \\ a_{21} & a_{22} & a_{23} \\ a_{31} & a_{32} & a_{33} \end{vmatrix} + k \begin{vmatrix} a_{21} & a_{22} & a_{23} \\ a_{21} & a_{22} & a_{23} \\ a_{31} & a_{32} & a_{33} \end{vmatrix}$$

$$= \begin{vmatrix} a_{11} & a_{12} & a_{13} \\ a_{21} & a_{22} & a_{23} \\ a_{31} & a_{32} & a_{33} \end{vmatrix}$$

性質 9 行列が三角行列ならば，その行列式は主対角線上の成分の積になる．

$$\begin{vmatrix} a_{11} & a_{12} & a_{13} \\ 0 & a_{22} & a_{23} \\ 0 & 0 & a_{33} \end{vmatrix} = a_{11} \cdot a_{22} \cdot a_{33}$$

性質 10 同じ次数の正方行列の積の行列式 $|AB|$ は，それぞれの行列の行列式の積 $|A| \cdot |B|$ に等しい．

第3章 行列式

$$|AB| = |A| \cdot |B|$$

ここでは**性質10**を2次の行列式で確かめてみよう.

$$A = \begin{pmatrix} a_{11} & a_{12} \\ a_{21} & a_{22} \end{pmatrix}, \quad B = \begin{pmatrix} b_{11} & b_{12} \\ b_{21} & b_{22} \end{pmatrix}$$

とすると

$$AB = \begin{pmatrix} a_{11}b_{11} + a_{12}b_{21} & a_{11}b_{12} + a_{12}b_{22} \\ a_{21}b_{11} + a_{22}b_{21} & a_{21}b_{12} + a_{22}b_{22} \end{pmatrix}$$

行列式の**性質6**から

$$|AB| = \begin{vmatrix} a_{11}b_{11} & a_{11}b_{12} + a_{12}b_{22} \\ a_{21}b_{11} & a_{21}b_{12} + a_{22}b_{22} \end{vmatrix} + \begin{vmatrix} a_{12}b_{21} & a_{11}b_{12} + a_{12}b_{22} \\ a_{22}b_{21} & a_{21}b_{12} + a_{22}b_{22} \end{vmatrix}$$

$$= \begin{vmatrix} a_{11}b_{11} & a_{11}b_{12} \\ a_{21}b_{11} & a_{21}b_{12} \end{vmatrix} + \begin{vmatrix} a_{11}b_{11} & a_{12}b_{22} \\ a_{21}b_{11} & a_{22}b_{22} \end{vmatrix} + \begin{vmatrix} a_{12}b_{21} & a_{11}b_{12} \\ a_{22}b_{21} & a_{21}b_{12} \end{vmatrix} + \begin{vmatrix} a_{12}b_{21} & a_{12}b_{22} \\ a_{22}b_{21} & a_{22}b_{22} \end{vmatrix}$$

$$= b_{11}b_{12} \begin{vmatrix} a_{11} & a_{11} \\ a_{21} & a_{21} \end{vmatrix} + b_{11}b_{22} \begin{vmatrix} a_{11} & a_{12} \\ a_{21} & a_{22} \end{vmatrix} + b_{12}b_{21} \begin{vmatrix} a_{12} & a_{11} \\ a_{22} & a_{21} \end{vmatrix} + b_{21}b_{22} \begin{vmatrix} a_{12} & a_{12} \\ a_{22} & a_{22} \end{vmatrix}$$

$$= 0 + b_{11}b_{22} \begin{vmatrix} a_{11} & a_{12} \\ a_{21} & a_{22} \end{vmatrix} - b_{12}b_{21} \begin{vmatrix} a_{11} & a_{12} \\ a_{21} & a_{22} \end{vmatrix} + 0$$

$$= \begin{vmatrix} a_{11} & a_{12} \\ a_{21} & a_{22} \end{vmatrix} (b_{11}b_{22} - b_{12}b_{21})$$

$$= \begin{vmatrix} a_{11} & a_{12} \\ a_{21} & a_{22} \end{vmatrix} \cdot \begin{vmatrix} b_{11} & b_{12} \\ b_{21} & b_{22} \end{vmatrix} = |A| \cdot |B|$$

例 3.3

次の行列の転置行列を求め,それぞれの行列式の値を計算して,**性質2**を調べてみましょう.

$$A = \begin{pmatrix} 3 & 6 & 7 \\ 4 & 2 & -2 \\ 2 & 1 & 3 \end{pmatrix}$$

行列式 $|A|$ の値は

$$|A| = \begin{vmatrix} 3 & 6 & 7 \\ 4 & 2 & -2 \\ 2 & 1 & 3 \end{vmatrix}$$

$$= 3 \cdot 2 \cdot 3 + 6 \cdot (-2) \cdot 2 + 7 \cdot 1 \cdot 4 - 7 \cdot 2 \cdot 2 - (-2) \cdot 1 \cdot 3 - 3 \cdot 4 \cdot 6$$

$$= 18 - 24 + 28 - 28 + 6 - 72 = -72$$

転置行列 $|{}^tA|$ の値は

$$|{}^tA| = \begin{vmatrix} 3 & 4 & 2 \\ 6 & 2 & 1 \\ 7 & -2 & 3 \end{vmatrix}$$

$$= 3 \cdot 2 \cdot 3 + 4 \cdot 1 \cdot 7 + 2 \cdot (-2) \cdot 6 - 2 \cdot 2 \cdot 7 - 1 \cdot (-2) \cdot 3 - 3 \cdot 6 \cdot 4$$

$$= 18 - 24 + 28 - 28 + 6 - 72 = -72$$

例 3.4

次の正方行列の行列式の値を計算して，**性質 10** を調べてみましょう．

$$A = \begin{pmatrix} 6 & 1 & 2 \\ 0 & -3 & 1 \\ 1 & -2 & 1 \end{pmatrix}, \quad B = \begin{pmatrix} 4 & -1 & -2 \\ 2 & 1 & -2 \\ -1 & 2 & 1 \end{pmatrix}$$

まず，行列の積 AB を計算すると

$$AB = \begin{pmatrix} 6 & 1 & 2 \\ 0 & -3 & 1 \\ 1 & -2 & 1 \end{pmatrix} \begin{pmatrix} 4 & -1 & -2 \\ 2 & 1 & -2 \\ -1 & 2 & 1 \end{pmatrix} = \begin{pmatrix} 24 & -1 & -12 \\ -7 & -1 & 7 \\ -1 & -1 & 3 \end{pmatrix}$$

積の行列式 $|AB|$ は

$$|AB| = \begin{vmatrix} 24 & -1 & -12 \\ -7 & -1 & 7 \\ -1 & -1 & 3 \end{vmatrix} = -\begin{vmatrix} 24 & 1 & -12 \\ -7 & 1 & 7 \\ -1 & 1 & 3 \end{vmatrix}$$

$$= -(24 \cdot 3 - 7 + 12 \cdot 7 - 12 - 7 \cdot 24 + 3 \cdot 7)$$

$$= -(72 - 7 + 84 - 12 - 168 + 21) = 10$$

行列式 $|A|$ の値は

$$|A| = \begin{vmatrix} 6 & 1 & 2 \\ 0 & -3 & 1 \\ 1 & -2 & 1 \end{vmatrix} = -18 + 1 + 6 + 12 = 1$$

行列式 $|B|$ の値は

$$|B| = \begin{vmatrix} 4 & -1 & -2 \\ 2 & 1 & -2 \\ -1 & 2 & 1 \end{vmatrix} = 4 - 2 - 8 - 2 + 16 + 2 = 10$$

したがって，積の行列式 $|AB| = 10$ の値と行列式の積 $|A| \cdot |B| = 10$ の値が等しく

$$|AB| = |A| \cdot |B|$$

が成り立ちます．

> **問** 3.4

行列式の性質を用いて，次の行列式の値を求めてみよう．

1) $|A| = \begin{vmatrix} 2 & 8 & -6 \\ -3 & -1 & 8 \\ -2 & 3 & 5 \end{vmatrix}$
2) $|B| = \begin{vmatrix} 1 & a & b+c \\ 1 & b & c+a \\ 1 & c & a+b \end{vmatrix}$

3.3 行列式の展開

3次の行列式は2次に，4次の行列式は3次に，n 次の行列式は $(n-1)$ 次に展開することができます．

ここでは4次の行列式を例にとって説明しましょう．4次の行列式を $|A|$ とし，その成分を a_{ij} $(i, j = 1 \sim 4)$ とするとき，a_{ij} の属する行と列を取り除き，残りの成分の順序を変えないで作られる1つ次数の低い行列式を D_{ij} で表します．この D_{ij} を D_{ij} の成分 a_{ij} についての**小行列式**（minor determinant）といいます．

たとえば4次の行列式

$$|A| = \begin{vmatrix} a_{11} & a_{12} & a_{13} & a_{14} \\ a_{21} & a_{22} & a_{23} & a_{24} \\ a_{31} & a_{32} & a_{33} & a_{34} \\ a_{41} & a_{42} & a_{43} & a_{44} \end{vmatrix}$$

の a_{32} についての小行列式 D_{32} は灰色部分の成分を全部取り除いて作られる行列式であるから，次のようになります．

$$D_{32} = \begin{vmatrix} a_{11} & a_{13} & a_{14} \\ a_{21} & a_{23} & a_{24} \\ a_{41} & a_{43} & a_{44} \end{vmatrix}$$

ここで小行列式 D_{ij} の添え字 i, j の和により符号を定めたもの，すなわち

$$A_{ij} = (-1)^{i+j} D_{ij}$$

を導入します．この A_{ij} を成分 a_{ij} の**余因子**（cofactor）または**余因数**と

いいます.

4次の行列式を小行列式で表すと次のようになります.

$$|A| = \begin{vmatrix} a_{11} & a_{12} & a_{13} & a_{14} \\ a_{21} & a_{22} & a_{23} & a_{24} \\ a_{31} & a_{32} & a_{33} & a_{34} \\ a_{41} & a_{42} & a_{43} & a_{44} \end{vmatrix}$$

$$= a_{11} \begin{vmatrix} a_{22} & a_{23} & a_{24} \\ a_{32} & a_{33} & a_{34} \\ a_{42} & a_{43} & a_{44} \end{vmatrix} - a_{12} \begin{vmatrix} a_{21} & a_{23} & a_{24} \\ a_{31} & a_{33} & a_{34} \\ a_{41} & a_{43} & a_{44} \end{vmatrix} + a_{13} \begin{vmatrix} a_{21} & a_{22} & a_{24} \\ a_{31} & a_{32} & a_{34} \\ a_{41} & a_{42} & a_{44} \end{vmatrix} - a_{14} \begin{vmatrix} a_{21} & a_{22} & a_{23} \\ a_{31} & a_{32} & a_{33} \\ a_{41} & a_{42} & a_{43} \end{vmatrix}$$

$$= a_{11} D_{11} - a_{12} D_{12} + a_{13} D_{13} - a_{14} D_{14}$$

また余因子を用いて $|A|$ を表すと

$$|A| = a_{11} A_{11} + a_{12} A_{12} + a_{13} A_{13} + a_{14} A_{14}$$

となります. このような展開を行列式の**余因子展開** (cofactor expansion) といいます. ここで行った余因子展開は第1行についての展開であるが, この展開は任意の行および列についても可能です.

◐ 正方行列において, 任意の行および列についての余因子展開はすべて等しい.

余因子の性質

1) 第 i 行についての展開式において

$$a_{i1} A_{k1} + a_{i2} A_{k2} + \cdots + a_{in} A_{kn} = \sum_{j=1}^{n} a_{ij} A_{kj} = \begin{cases} |A| & (i = k) \\ 0 & (i \neq k) \end{cases}$$

2) 第 j 列についての展開式において

$$a_{1j} A_{1k} + a_{2j} A_{2k} + \cdots + a_{nj} A_{nk} = \sum_{i=1}^{n} a_{ij} A_{ik} = \begin{cases} |A| & (j = k) \\ 0 & (j \neq k) \end{cases}$$

例 3.5

次の行列式 $|A|$ を第1行について展開して, 行列式の値を求めてみましょう.

$$|A| = \begin{vmatrix} 1 & 3 & 5 \\ 2 & 1 & 4 \\ 2 & 0 & 1 \end{vmatrix}$$

$$\begin{vmatrix} 1 & 3 & 5 \\ 2 & 1 & 4 \\ 2 & 0 & 1 \end{vmatrix} = 1 \times (-1)^{1+1} \begin{vmatrix} 1 & 4 \\ 0 & 1 \end{vmatrix} + 3 \times (-1)^{1+2} \begin{vmatrix} 2 & 4 \\ 2 & 1 \end{vmatrix} + 5 \times (-1)^{1+3} \begin{vmatrix} 2 & 1 \\ 2 & 0 \end{vmatrix}$$
$$= 1 - 3 \times (2-8) + 5(-2) = 9$$

例　3.6

次の行列式 $|A|$ を第 1 行について展開して，行列式の値を求めてみましょう．

$$|A| = \begin{vmatrix} a & a_1 & a_2 & a_3 \\ b_1 & x & 0 & 0 \\ b_2 & 0 & x & 0 \\ b_3 & 0 & 0 & x \end{vmatrix}$$

$$= a \begin{vmatrix} x & 0 & 0 \\ 0 & x & 0 \\ 0 & 0 & x \end{vmatrix} - a_1 \begin{vmatrix} b_1 & 0 & 0 \\ b_2 & x & 0 \\ b_3 & 0 & x \end{vmatrix} + a_2 \begin{vmatrix} b_1 & x & 0 \\ b_2 & 0 & 0 \\ b_3 & 0 & x \end{vmatrix} - a_3 \begin{vmatrix} b_1 & x & 0 \\ b_2 & 0 & x \\ b_3 & 0 & 0 \end{vmatrix}$$

$$= ax^3 - a_1 b_1 x^2 - a_2 b_2 x^2 - a_3 b_3 x^2$$

問　3.5

次の行列式 $|A|$ を第 2 行で余因子展開し，$|A|$ の値を求めてみよう．

$$|A| = \begin{vmatrix} 2 & 5 & 3 \\ -6 & -1 & 0 \\ 3 & 4 & 1 \end{vmatrix}$$

問　3.6

次の行列式 $|A|$ を第 1 行で余因子展開し，$|A|$ の値を求めてみよう．

$$|A| = \begin{vmatrix} 1 & 2 & 0 & 3 \\ 2 & 0 & 4 & 1 \\ 3 & 1 & 5 & 0 \\ 0 & 3 & 2 & 1 \end{vmatrix}$$

3.4　逆行列と行列式

3 次の正方行列 A が正則であり，逆行列 A^{-1} が存在するとき

$$A^{-1} A = I$$

であるから，両辺の行列式を考えれば，行列式の**性質10**の $|AB|=|A|\cdot|B|$ 関係式から

$$|A^{-1}||A|=|I|=1$$

となります．

ここで $|A|\neq 0$ ならば，逆行列が存在することを調べてみましょう．

3次の正方行列 A

$$A=\begin{pmatrix} a_{11} & a_{12} & a_{13} \\ a_{21} & a_{22} & a_{23} \\ a_{31} & a_{32} & a_{33} \end{pmatrix}$$

の各成分の余因子を対応する大文字で表し

$$X=\frac{1}{|A|}\begin{pmatrix} A_{11} & A_{21} & A_{31} \\ A_{12} & A_{22} & A_{32} \\ A_{13} & A_{23} & A_{33} \end{pmatrix}$$

とおくと，積 AX は

$$\frac{1}{|A|}\begin{pmatrix} a_{11}A_{11}+a_{12}A_{12}+a_{13}A_{13} & a_{11}A_{21}+a_{12}A_{22}+a_{13}A_{23} & a_{11}A_{31}+a_{12}A_{32}+a_{13}A_{33} \\ a_{21}A_{11}+a_{22}A_{12}+a_{23}A_{13} & a_{21}A_{21}+a_{22}A_{22}+a_{23}A_{23} & a_{21}A_{31}+a_{22}A_{32}+a_{23}A_{33} \\ a_{31}A_{11}+a_{32}A_{12}+a_{33}A_{13} & a_{31}A_{21}+a_{32}A_{22}+a_{33}A_{23} & a_{31}A_{31}+a_{32}A_{32}+a_{33}A_{33} \end{pmatrix}$$

ここで余因子の性質から，（ ）のなかの対角成分は行列 A の各行の成分とその余因子の積の和から $|A|$ に等しく，その他の成分はすべて 0 になります．したがって

$$AX=\frac{1}{|A|}\begin{pmatrix} |A| & 0 & 0 \\ 0 & |A| & 0 \\ 0 & 0 & |A| \end{pmatrix}=I$$

よって，X は行列 A の逆行列 A^{-1} となります．したがって

$$A=\begin{pmatrix} a_{11} & a_{12} & a_{13} \\ a_{21} & a_{22} & a_{23} \\ a_{31} & a_{32} & a_{33} \end{pmatrix}$$

の逆行列は

$$A^{-1}=\frac{1}{|A|}\begin{pmatrix} A_{11} & A_{21} & A_{31} \\ A_{12} & A_{22} & A_{32} \\ A_{13} & A_{23} & A_{33} \end{pmatrix}$$

で与えられます．

例 3.7

次の行列が正則ならば，逆行列を求めてみましょう．

$$A = \begin{pmatrix} 1 & -1 & 1 \\ 2 & 1 & 0 \\ 1 & -2 & 3 \end{pmatrix}$$

まず，この行列が正則であるか，どうかを調べるために行列式の値を求めてみましょう．

$$|A| = \begin{vmatrix} 1 & -1 & 1 \\ 2 & 1 & 0 \\ 1 & -2 & 3 \end{vmatrix} = 3 - 4 - 1 + 6 = 4$$

ゆえに，$|A| = 4 \neq 0$ であるから，この行列は正則で逆行列をもち，余因子を計算すると

$$A_{11} = (-1)^{1+1} \begin{vmatrix} 1 & 0 \\ -2 & 3 \end{vmatrix} = 3,$$

$$A_{12} = (-1)^{1+2} \begin{vmatrix} 2 & 0 \\ 1 & 3 \end{vmatrix} = -6,$$

$$A_{13} = (-1)^{1+3} \begin{vmatrix} 2 & 1 \\ 1 & -2 \end{vmatrix} = -5,$$

$$A_{21} = (-1)^{2+1} \begin{vmatrix} -1 & 1 \\ -2 & 3 \end{vmatrix} = 1,$$

$$A_{22} = (-1)^{2+2} \begin{vmatrix} 1 & 1 \\ 1 & 3 \end{vmatrix} = 2,$$

$$A_{23} = (-1)^{2+3} \begin{vmatrix} 1 & -1 \\ 1 & -2 \end{vmatrix} = 1,$$

$$A_{31} = (-1)^{3+1} \begin{vmatrix} -1 & 1 \\ 1 & 0 \end{vmatrix} = -1,$$

$$A_{32} = (-1)^{3+2} \begin{vmatrix} 1 & 1 \\ 2 & 0 \end{vmatrix} = 2,$$

$$A_{33} = (-1)^{3+3} \begin{vmatrix} 1 & -1 \\ 2 & 1 \end{vmatrix} = 3,$$

$$A^{-1} = \frac{1}{4} \begin{pmatrix} 3 & 1 & -1 \\ -6 & 2 & 2 \\ -5 & 1 & 3 \end{pmatrix}$$

問 3.7

次の行列が正則ならば，逆行列を求めてみよう．

1) $\begin{pmatrix} 2 & -1 & 0 \\ 2 & 0 & -1 \\ 0 & 1 & 2 \end{pmatrix}$ 2) $\begin{pmatrix} 0 & 3 & 2 \\ -1 & 1 & 4 \\ 2 & -2 & -5 \end{pmatrix}$

練習問題

1. 次の行列式の値を求めなさい.

(1) $\begin{vmatrix} 8 & -3 \\ 12 & 7 \end{vmatrix}$ (2) $\begin{vmatrix} 6 & -3 \\ -5 & 7 \end{vmatrix}$

(3) $\begin{vmatrix} a & a+b \\ a-b & a \end{vmatrix}$

2. 次の行列式の値は 0 となるが，その理由を述べなさい.

(1) $\begin{vmatrix} 2 & 4 & -3 \\ 6 & 12 & -9 \\ 8 & 10 & 5 \end{vmatrix}$ (2) $\begin{vmatrix} 8 & 7 & 4 \\ -2 & 1 & -1 \\ -6 & 5 & 3 \end{vmatrix}$

3. 次の行列式の値を求めなさい.

(1) $\begin{vmatrix} 2 & 0 & 1 \\ 0 & 2 & -3 \\ -1 & 3 & -1 \end{vmatrix}$ (2) $\begin{vmatrix} 10 & 10 & 5 \\ 12 & 3 & 6 \\ 6 & 4 & 7 \end{vmatrix}$

(3) $\begin{vmatrix} a+1 & a+2 & a+3 \\ 2a+1 & 2a+2 & 2a+3 \\ a-1 & a-2 & a-3 \end{vmatrix}$

4. 次の行列式を，行列式の性質を用いて因数分解しなさい.

(1) $\begin{vmatrix} 1 & a & a^2 \\ 1 & b & b^2 \\ 1 & c & c^2 \end{vmatrix}$ (2) $\begin{vmatrix} a & b & b \\ a & b & a \\ b & a & a \end{vmatrix}$

5. 次の行列式の値を求めなさい.

(1) $\begin{vmatrix} 5 & 7 & 1 & -2 \\ 2 & 5 & 1 & -6 \\ 8 & 1 & 2 & -7 \\ 3 & -2 & 0 & 8 \end{vmatrix}$ (2) $\begin{vmatrix} 1 & 2 & 3 & 4 \\ 0 & 5 & 6 & 7 \\ 1 & 1 & -1 & 3 \\ 1 & 0 & 4 & 2 \end{vmatrix}$

(3) $\begin{vmatrix} a & 1 & 1 & 1 \\ 1 & a & 1 & 1 \\ 1 & 1 & a & 1 \\ 1 & 1 & 1 & a \end{vmatrix}$

6. 次の行列 A は正則行列かどうかを調べ，正則ならば逆行列 A^{-1} を求めなさい.

(1) $\begin{pmatrix} 5 & 7 \\ 2 & 3 \end{pmatrix}$
(2) $\begin{pmatrix} 1 & 1 & 0 \\ 0 & 1 & 1 \\ 0 & 0 & 1 \end{pmatrix}$

(3) $\begin{pmatrix} 1 & 2 & 1 \\ 2 & 1 & -2 \\ 3 & 5 & 1 \end{pmatrix}$
(4) $\begin{pmatrix} 0 & 3 & 3 \\ 1 & -2 & -3 \\ -1 & 5 & 6 \end{pmatrix}$

第4章

連立1次方程式

4.1 逆行列を用いた解法

連立1次方程式を逆行列 A^{-1} を用いて解いてみましょう．

$$\begin{cases} 2x - y = 5 \\ x + 3y = -1 \end{cases}$$

この連立1次方程式を行列で表現すると

$$\begin{pmatrix} 2 & -1 \\ 1 & 3 \end{pmatrix} \begin{pmatrix} x \\ y \end{pmatrix} = \begin{pmatrix} 5 \\ -1 \end{pmatrix}$$

となります．

このように行列で表現された**連立1次方程式** (simultaneous linear equations) の左辺の行列を**係数行列** (matrix of coefficients) といい，さらにこれらの行列に右辺の**定数項** (constant term) を付け加えた行列を**拡大係数行列** (enlarged coefficient matrix) といいます．

すなわち，この連立1次方程式の

$$\text{係数行列 } A = \begin{pmatrix} 2 & -1 \\ 1 & 3 \end{pmatrix}, \quad \text{拡大係数行列 } A\vec{b} = \begin{pmatrix} 2 & -1 & 5 \\ 1 & 3 & -1 \end{pmatrix}$$

となります．ここで

$$A = \begin{pmatrix} 2 & -1 \\ 1 & 3 \end{pmatrix}, \quad \vec{x} = \begin{pmatrix} x \\ y \end{pmatrix}, \quad \vec{b} = \begin{pmatrix} 5 \\ -1 \end{pmatrix}$$

とおくと

$$A\vec{x} = \vec{b}$$

となり，この式の両辺に左から逆行列 A^{-1} をかけると

$$A^{-1}A\vec{x} = A^{-1}\vec{b}$$

第4章 連立1次方程式

$A^{-1}A = I$ であるから

$$I\vec{x} = \vec{x} = A^{-1}\vec{b}$$

よって，解ベクトル $\vec{x} = \begin{pmatrix} x \\ y \end{pmatrix}$ は

$$\vec{x} = A^{-1}\vec{b}$$

となります．

したがって，連立1次方程式は逆行列 A^{-1} を用いて解くことができます．

例 4.1

連立1次方程式

$$\begin{cases} 2x - y = 5 \\ x + 3y = -1 \end{cases}$$

を逆行列を求めて解いてみましょう．

係数行列 $A = \begin{pmatrix} 2 & -1 \\ 1 & 3 \end{pmatrix}$ の逆行列は

$$A^{-1} = \begin{pmatrix} \frac{3}{7} & \frac{1}{7} \\ -\frac{1}{7} & \frac{2}{7} \end{pmatrix}$$

であるから

$$\vec{x} = \begin{pmatrix} \frac{3}{7} & \frac{1}{7} \\ -\frac{1}{7} & \frac{2}{7} \end{pmatrix} \begin{pmatrix} 5 \\ -1 \end{pmatrix} = \begin{pmatrix} 2 \\ -1 \end{pmatrix}$$

⬅ $A^{-1} = \dfrac{1}{6+1} \begin{pmatrix} 3 & 1 \\ -1 & 2 \end{pmatrix}$

$= \begin{pmatrix} \frac{3}{7} & \frac{1}{7} \\ -\frac{1}{7} & \frac{2}{7} \end{pmatrix}$

ゆえに，解ベクトルは

$$\begin{pmatrix} x \\ y \end{pmatrix} = \begin{pmatrix} 2 \\ -1 \end{pmatrix}$$

例 4.2

次の連立1次方程式を，逆行列 A^{-1} を用いて解いてみましょう．

$$\begin{cases} 2x + 3y + 4z = 3 \\ x + 2y + 3z = 2 \\ -x + y + 4z = 2 \end{cases}$$

$$A = \begin{pmatrix} 2 & 3 & 4 \\ 1 & 2 & 3 \\ -1 & 1 & 4 \end{pmatrix}, \quad \vec{x} = \begin{pmatrix} x \\ y \\ z \end{pmatrix}, \quad \vec{b} = \begin{pmatrix} 3 \\ 2 \\ 2 \end{pmatrix}$$

行列 A に次のような行基本変形を行い，逆行列 A^{-1} を求めてみます．

(A)			(I)			基本変形	行
2	3	4	1	0	0		①
1	2	3	0	1	0		②
-1	1	4	0	0	1		③
1	2	3	0	1	0	①と②を	②
2	3	4	1	0	0	入れ替える	①
-1	1	4	0	0	1		③
1	2	3	0	1	0		②
0	-1	-2	1	-2	0	①+②×(-2)	①′
0	3	7	0	1	1	③+②×1	③′
1	2	3	0	1	0		②
0	1	2	-1	2	0	①′×(-1)	①″
0	3	7	0	1	1		③′
1	0	-1	2	-3	0	②+①″×(-2)	②′
0	1	2	-1	2	0		①″
0	0	1	3	-5	1	③′+①″×(-3)	③″
1	0	0	5	-8	1	②′+③″×1	
0	1	0	-7	12	-2	①″+③″×(-2)	
0	0	1	3	-5	1		

$$A^{-1} = \begin{pmatrix} 5 & -8 & 1 \\ -7 & 12 & -2 \\ 3 & -5 & 1 \end{pmatrix}$$

よって $\vec{x} = A^{-1}\vec{b}$ より

$$\vec{x} = \begin{pmatrix} 5 & -8 & 1 \\ -7 & 12 & -2 \\ 3 & -5 & 1 \end{pmatrix} \begin{pmatrix} 3 \\ 2 \\ 2 \end{pmatrix} = \begin{pmatrix} 1 \\ -1 \\ 1 \end{pmatrix}$$

ゆえに，解ベクトルは

$$\begin{pmatrix} x \\ y \\ z \end{pmatrix} = \begin{pmatrix} 1 \\ -1 \\ 1 \end{pmatrix}$$

問 4.1

次の連立1次方程式を逆行列 A^{-1} を用いて解いてみよう．

1) $\begin{cases} x + 2y + 3z = 2 \\ 2x + 5y + 3z = 3 \\ x + 8z = 5 \end{cases}$

2) $\begin{cases} 2x - 3y + 5z = -3 \\ x + y - z = 0 \\ 3x + 6y - 2z = 7 \end{cases}$

4.2 掃き出し法を用いた解法

まず簡単な連立1次方程式を，よく知られている**加減法**（method of elimination by adding and subtracting）を用いて解いてみましょう．

$\begin{cases} x + 3y = -1 & \cdots\cdots① \\ 4x - 5y = 13 & \cdots\cdots② \end{cases}$

(a) 式①を (-4) 倍して，式②へ加える．

$\begin{cases} x + 3y = -1 & \cdots\cdots① \\ -17y = 17 & \cdots\cdots②' \end{cases}$

(b) 式②' の両辺に $\left(-\dfrac{1}{17}\right)$ をかける．

$\begin{cases} x + 3y = -1 & \cdots\cdots① \\ y = -1 & \cdots\cdots②'' \end{cases}$

(c) 式②'' を (-3) 倍して，式①に加えると

$\begin{cases} x = 2 & \cdots\cdots①' \\ y = -1 & \cdots\cdots②'' \end{cases}$

よって，$x = 2, y = -1$

この加減法による連立1次方程式の解法の手順を調べると，次の2つの操作を繰り返し簡単な式に変形して，未知数 x, y を求めています．

① 1つの式にある数をかけたものを他の式に加える．
② 1つの式に0でない数をかける．

これらの操作を行列に当てはめてみます．

4.2 掃き出し法を用いた解法

この連立 1 次方程式の拡大係数行列は

$$\begin{pmatrix} 1 & 3 & -1 \\ 4 & -5 & 13 \end{pmatrix}$$

となりますから

🔴 連立 1 次方程式を解くとき，係数が数値の場合には掃き出し法が便利である．

(a) 第 1 行を (-4) 倍して第 2 行へ加える．

$$\begin{pmatrix} 1 & 3 & -1 \\ 0 & -17 & 17 \end{pmatrix}$$

(b) 第 2 行に $\left(-\dfrac{1}{17}\right)$ をかける．

$$\begin{pmatrix} 1 & 3 & -1 \\ 0 & 1 & -1 \end{pmatrix}$$

(c) 第 2 行を (-3) 倍して第 1 行に加える．

$$\begin{pmatrix} 1 & 0 & 2 \\ 0 & 1 & -1 \end{pmatrix}$$

よって，$\begin{pmatrix} x \\ y \end{pmatrix} = \begin{pmatrix} 2 \\ -1 \end{pmatrix}$

例 4.3

次の連立 1 次方程式を解いてみましょう．

$$\begin{cases} 3x + 2y - z = 5 & \cdots\cdots\cdots ① \\ x - y + z = 6 & \cdots\cdots\cdots ② \\ 2x + y - 3z = -1 & \cdots\cdots\cdots ③ \end{cases}$$

(a) 式①と式②を入れ替えると

$$\begin{cases} x - y + z = 6 & \cdots\cdots\cdots ② \\ 3x + 2y - z = 5 & \cdots\cdots\cdots ① \\ 2x + y - 3z = -1 & \cdots\cdots\cdots ③ \end{cases}$$

(b) 式②の (-3) 倍を式①に加え，式②の (-2) 倍を式③に加えると

$$\begin{cases} x - y + z = 6 & \cdots\cdots\cdots ② \\ 5y - 4z = -13 & \cdots\cdots\cdots ①' \\ 3y - 5z = -13 & \cdots\cdots\cdots ③' \end{cases}$$

(c) 式①' を 5 で割って

$$\begin{cases} x - y + z = 6 & \cdots\cdots ② \\ y - \dfrac{4}{5}z = -\dfrac{13}{5} & \cdots\cdots ①'' \\ 3y - 5z = -13 & \cdots\cdots ③' \end{cases}$$

(d) 式①″ を②式に加え，式①″ の (-3) 倍を式③′ に加えると

$$\begin{cases} x + \dfrac{1}{5}z = \dfrac{17}{5} & \cdots\cdots ②' \\ y - \dfrac{4}{5}z = -\dfrac{13}{5} & \cdots\cdots ①'' \\ -\dfrac{13}{5}z = -\dfrac{26}{5} & \cdots\cdots ③' \end{cases}$$

(e) 式③″ を $\left(-\dfrac{13}{5}\right)$ で割って

$$\begin{cases} x + \dfrac{1}{5}z = \dfrac{17}{5} & \cdots\cdots ②' \\ y - \dfrac{4}{5}z = -\dfrac{13}{5} & \cdots\cdots ①'' \\ z = 2 & \cdots\cdots ③''' \end{cases}$$

(f) 式③‴ の $\left(-\dfrac{1}{5}\right)$ 倍を式②′ に加え，式③‴ の $\dfrac{4}{5}$ 倍を式①′ に加えると

$$\begin{cases} x = 3 \\ y = -1 \\ z = 2 \end{cases}$$

この連立1次方程式の解法の手順を調べると，加減法の手順に次の①の操作が加わり，未知数 x, y, z を求めています．

① 2つの式を入れ替える．
② 1つの式にある数をかけたものを他の式に加える．
③ 1つの式に0でない数をかける．

これらの操作を拡大係数行列に当てはめ，表にまとめると次のようになります．

x	y	z	定数項	基本変形	行
3	2	-1	5		①
1	-1	1	6		②
2	1	-3	-1		③
[1]	-1	1	6	上欄の第1行	②
3	2	-1	5	と第2行を入れ替える	①
2	1	-3	-1		③
1	-1	1	6	上欄の [1] を基準にして第1列の数字を掃き出す	②
0	5	-4	-13	① + ② × (-3)	①′
0	3	-5	-13	③ + ② × (-2)	③′
1	-1	1	6		②
0	[1]	$-\dfrac{4}{5}$	$-\dfrac{13}{5}$	①′ × $\dfrac{1}{5}$	①″
0	3	-5	-13		③′
1	0	$\dfrac{1}{5}$	$\dfrac{17}{5}$	② + ①″ × 1	②′
0	1	$-\dfrac{4}{5}$	$-\dfrac{13}{5}$	上欄の [1] を基準にして第2列の数字を掃き出す	①″
0	0	$-\dfrac{13}{5}$	$-\dfrac{26}{5}$	③′ + ② × (-3)	③″
1	0	$\dfrac{1}{5}$	$\dfrac{17}{5}$		②′
0	1	$-\dfrac{4}{5}$	$-\dfrac{13}{5}$		①″
0	0	[1]	2	③″ × $\left(-\dfrac{5}{13}\right)$	③‴
1	0	0	3	②′ + ③‴ × $\left(-\dfrac{1}{5}\right)$	
0	1	0	-1	①″ + ③‴ × $\left(\dfrac{4}{5}\right)$	
0	0	1	2	上欄の [1] を基準にして第3列の数字を掃き出す	

（この [1] をピボット（pivot, かなめ）という.）

よって, $(x, y, z) = (3, -1, 2)$

この方法を**掃き出し法**（sweeping out method）または **Gauss の消去法**（Gauss's elimination method）といいます.

⬅ Gauss-Jordan の消去法ともいう.

問 4.2

次の連立1次方程式

第 4 章　連立 1 次方程式

$$\begin{cases} 2x + 3y = 8 \\ x + 2y = 5 \end{cases}$$

を「式」と「行」を対応させて基本変形を繰り返し施し，(3) 式～(7) 式の □ の部分を埋めて未知数 x, y を求めてみよう．

$$\begin{cases} 2x + 3y = 8 \\ x + 2y = 5 \end{cases} \longrightarrow \begin{pmatrix} 2 & 3 & | & 8 \\ 1 & 2 & | & 5 \end{pmatrix} \quad \cdots (1)$$

第 1 式（行）と第 2 式（行）を入れ替える．

$$\begin{cases} x + 2y = 5 \\ 2x + 3y = 8 \end{cases} \longrightarrow \begin{pmatrix} 1 & 2 & | & 5 \\ 2 & 3 & | & 8 \end{pmatrix} \quad \cdots (2)$$

第 1 式（行）を (-2) 倍し，第 2 式（行）に加える．

$$\begin{cases} x + 2y = 5 \\ -y = -2 \end{cases} \longrightarrow \begin{pmatrix} 1 & 2 & | & 5 \\ \Box & \Box & | & \Box \end{pmatrix} \quad \cdots (3)$$

第 2 式（行）を (-1) 倍する．

$$\begin{cases} x + 2y = 5 \\ y = 2 \end{cases} \longrightarrow \begin{pmatrix} 1 & 2 & | & 5 \\ \Box & \Box & | & \Box \end{pmatrix} \quad \cdots (4)$$

第 2 式（行）を (-2) 倍し，第 1 式（行）に加える．

$$\begin{cases} x = 1 \\ y = 2 \end{cases} \longrightarrow \begin{pmatrix} \Box & \Box & | & \Box \\ \Box & \Box & | & \Box \end{pmatrix} \quad \cdots (5)$$

すなわち，拡大行列は

$$\begin{pmatrix} 2 & 3 & | & 8 \\ 1 & 2 & | & 5 \end{pmatrix} \longrightarrow \begin{pmatrix} \Box & \Box & | & \Box \\ \Box & \Box & | & \Box \end{pmatrix} \quad \cdots (6)$$

と変形された．よって

$$\begin{pmatrix} x \\ y \end{pmatrix} = \begin{pmatrix} \Box \\ \Box \end{pmatrix} \quad \cdots (7)$$

問 4.3

連立 1 次方程式

$$\begin{cases} 2x + 3y - z = -3 \\ -x + 2y + 2z = 1 \\ x + y - z = -2 \end{cases}$$

を「式」と「行」を対応させて基本変形を繰り返し施し，(3)式〜(8)式の □ の部分を埋めて未知数 x,y,z を求めてみよう．

$$\begin{cases} 2x+3y-z=-3 \\ -x+2y+2z=1 \\ x+y-z=-2 \end{cases} \longrightarrow \left(\begin{array}{ccc|c} 2 & 3 & -1 & -3 \\ -1 & 2 & 2 & 1 \\ 1 & 1 & -1 & -2 \end{array}\right) \quad \cdots (1)$$

第 3 式（行）と第 1 式（行）を入れ替える．

$$\begin{cases} x+y-z=-2 \\ -x+2y+2z=1 \\ 2x+3y-z=-3 \end{cases} \longrightarrow \left(\begin{array}{ccc|c} 1 & 1 & -1 & -2 \\ -1 & 2 & 2 & 1 \\ 2 & 3 & -1 & -3 \end{array}\right) \quad \cdots (2)$$

第 1 式（行）を $(+1)$ 倍して第 2 式（行）へ，第 1 式（行）を (-2) 倍して第 3 式（行）に，それぞれ加える．

$$\begin{cases} x+y-z=-2 \\ 3y+z=-1 \\ y+z=1 \end{cases} \longrightarrow \left(\begin{array}{ccc|c} 1 & 1 & -1 & -2 \\ \Box & \Box & \Box & \Box \\ \Box & \Box & \Box & 1 \end{array}\right) \quad \cdots (3)$$

第 2 式（行）と第 3 式（行）を入れ替える．

$$\begin{cases} x+y-z=-2 \\ y+z=1 \\ 3y+z=-1 \end{cases} \longrightarrow \left(\begin{array}{ccc|c} 1 & 1 & -1 & -2 \\ \Box & \Box & \Box & \Box \\ \Box & \Box & \Box & \Box \end{array}\right) \quad \cdots (4)$$

第 2 式（行）を □ 倍して第 1 式（行）へ，第 2 式（行）を □ 倍して第 3 式（行）に，それぞれ加える．

$$\begin{cases} x-2z=-3 \\ y+z=1 \\ -2z=4 \end{cases} \longrightarrow \left(\begin{array}{ccc|c} 1 & 0 & -2 & -3 \\ 0 & 1 & 1 & 1 \\ \Box & \Box & \Box & \Box \end{array}\right) \quad \cdots (5)$$

第 3 式（行）を □ 倍する．

$$\begin{cases} x-2z=-3 \\ y+z=1 \\ z=2 \end{cases} \longrightarrow \left(\begin{array}{ccc|c} 1 & 0 & -2 & -3 \\ 0 & 1 & 1 & 1 \\ \Box & \Box & \Box & \Box \end{array}\right) \quad \cdots (6)$$

第 3 式（行）を □ 倍して第 1 式（行）に，第 3 式（行）を □ 倍して第 1 式（行）に，それぞれ加える．

$$\begin{cases} x=1 \\ y=-1 \\ z=2 \end{cases} \longrightarrow \left(\begin{array}{ccc|c} 1 & 0 & 0 & \Box \\ 0 & 1 & 0 & \Box \\ 0 & 0 & 1 & \Box \end{array}\right) \quad \cdots (7)$$

すなわち，拡大係数行列は

$$\begin{pmatrix} 2 & 3 & -1 & | & -3 \\ -1 & 2 & 2 & | & 1 \\ 1 & 1 & -1 & | & -2 \end{pmatrix} \longrightarrow \begin{pmatrix} 1 & 0 & 0 & | & \Box \\ 0 & 1 & 0 & | & \Box \\ 0 & 0 & 1 & | & \Box \end{pmatrix} \quad \cdots (8)$$

と変形された．よって

$$\begin{pmatrix} x \\ y \\ z \end{pmatrix} = \begin{pmatrix} 1 \\ -1 \\ 2 \end{pmatrix} \quad \cdots (9)$$

問 4.4

次の連立1次方程式を掃き出し法を用いて解いてみよう．

$$\begin{cases} x + y + z = 1 \\ 5x + y - 2z = 10 \\ 3x + 4y + z = -2 \end{cases}$$

4.3 階段行列と階数

基本変形により，ある行まで行番号が増すにしたがって左側に連続して並ぶ0の個数が増えるような行列を**階段行列**（step formal matrix）といいます．

$$A = \begin{pmatrix} 1 & 2 & -1 \\ 0 & -1 & 3 \\ 0 & 0 & -2 \end{pmatrix}, \quad B = \begin{pmatrix} 0 & 2 & -1 & 5 \\ 0 & 0 & 3 & 4 \\ 0 & 0 & 0 & 0 \\ 0 & 0 & 0 & 0 \end{pmatrix}$$

なお，点線は基本変形により左側に並ぶ0を囲む枠です．このような階段行列に変形したときの0でない階段の数を行列 A の**階数**（rank）またはランクといい，記号 rank A または $r(A)$ と書きます．行列 A と行列 B はそれぞれ rank $A=3$, rank $B=2$ の階段行列になります．この階数は行列の特性を表し，特に連立1次方程式の解の存在を調べるとき重要になります．

すべての行列は行基本変形で必ず階段行列になおすことができ，しかも行列の階数は行基本変形によって変わりません．したがって階段行列の階数は一定で，これが行列の階数になります．

↰ たとえば，行列
$$\begin{pmatrix} 0 & 2 & -1 \\ 0 & -1 & 3 \\ 0 & 0 & -2 \end{pmatrix},$$
$$\begin{pmatrix} 0 & 2 & -1 \\ 0 & 0 & 0 \\ 0 & 0 & 4 \end{pmatrix}$$
などは行が増えるごとに0が増えていないので，階段行列とはいわない．

例 4.4

行列 A を基本変形によって階段行列になおし，階数を求めてみましょう．

$$\begin{pmatrix} 1 & -1 & 1 \\ 2 & 3 & 1 \\ 4 & 1 & 3 \end{pmatrix}$$

第2行に第1行を (-2) 倍したものを加え，第3行に第1行を (-4) 倍したものを加えると

$$\begin{pmatrix} 1 & -1 & 1 \\ 0 & 5 & -1 \\ 0 & 5 & -1 \end{pmatrix}$$

第3行に第2行を (-1) 倍したものを加えると

$$\begin{pmatrix} 1 & -1 & 1 \\ 0 & 5 & -1 \\ 0 & 0 & 0 \end{pmatrix}$$

よって，行列 A の階数は，rank $A=2$ となります．

← 行列の階数はベクトルの1次独立な行の最大数になる．

問 4.5

次の行列を行基本変形により階段行列になおし，階数を求めてみよう．

1) $A = \begin{pmatrix} 2 & -1 & 3 \\ 1 & 2 & -3 \\ 3 & -4 & 9 \end{pmatrix}$ 2) $B = \begin{pmatrix} 2 & -1 & -3 \\ -1 & 2 & 1 \\ 1 & 1 & 2 \end{pmatrix}$

3) $C = \begin{pmatrix} 4 & 6 & 1 & 1 \\ 1 & 2 & 0 & -1 \\ -2 & 3 & 2 & 5 \end{pmatrix}$

4.3.1 行列の正則性と階数

行列 A に基本変形を行い，単位行列に変形できるとき，すなわち逆行列をもつとき，行列 A は正則であるから，次の行列 A の正則性を，基本変形を行い単位行列に変形できるかどうかによって調べてみましょう．

$$A = \begin{pmatrix} 1 & 2 & 2 \\ 2 & 1 & 2 \\ 2 & 2 & 1 \end{pmatrix}$$

第2行に第1行を (−2) 倍したものを加え，第3行に第1行を (−2) 倍したものを加えると

$$\begin{pmatrix} 1 & 2 & 2 \\ 0 & -3 & -2 \\ 0 & -2 & -3 \end{pmatrix}$$

第2行を $\left(-\dfrac{1}{3}\right)$ 倍すると

$$\begin{pmatrix} 1 & 2 & 2 \\ 0 & 1 & \dfrac{2}{3} \\ 0 & -2 & -3 \end{pmatrix}$$

第1行に第2行を (−2) 倍したものを加え，第3行に第2行を 2 倍したものを加えると

$$\begin{pmatrix} 1 & 0 & \dfrac{2}{3} \\ 0 & 1 & \dfrac{2}{3} \\ 0 & 0 & -\dfrac{5}{3} \end{pmatrix}$$

第2行を $\left(-\dfrac{3}{5}\right)$ 倍すると

$$\begin{pmatrix} 1 & 0 & \dfrac{2}{3} \\ 0 & 1 & \dfrac{2}{3} \\ 0 & 0 & 1 \end{pmatrix}$$

第1行に第3行を $\left(-\dfrac{2}{3}\right)$ 倍したものを加え，第2行に第3行を $\left(-\dfrac{2}{3}\right)$ 倍したものを加えると

$$\begin{pmatrix} 1 & 0 & 0 \\ 0 & 1 & 0 \\ 0 & 0 & 1 \end{pmatrix}$$

したがって，行列 A は単位行列に変形できるから正則であり，階数は rank $A=3$ です．一般に，n 次の正方行列 A が正則であるとき，rank $A=n$ となります．

4.4 連立1次方程式の解の存在と階数

連立1次方程式の解の存在と解の型は係数行列と拡大係数行列の階数を調べることによってわかります．

連立1次方程式

$$\begin{cases} a_{11}x_1 + a_{12}x_2 + \cdots + a_{1n}x_n = b_1 \\ a_{21}x_1 + a_{22}x_2 + \cdots + a_{2n}x_n = b_2 \\ \quad\vdots \qquad\qquad \vdots \qquad\qquad \vdots \\ a_{m1}x_1 + a_{m2}x_2 + \cdots + a_{mn}x_n = b_m \end{cases}$$

において

$$A = \begin{pmatrix} a_{11} & a_{12} & \cdots & a_{1n} \\ a_{21} & a_{22} & \cdots & a_{2n} \\ \vdots & \vdots & \ddots & \vdots \\ a_{m1} & a_{m2} & \cdots & a_{mn} \end{pmatrix}, \quad \vec{x} = \begin{pmatrix} x_1 \\ \vdots \\ x_n \end{pmatrix}, \quad \vec{b} = \begin{pmatrix} b_1 \\ \vdots \\ b_m \end{pmatrix}$$

とおくと，$A\vec{x} = \vec{b}$ において解が存在するための条件は

$$\text{rank} \begin{pmatrix} a_{11} & a_{12} & \cdots & a_{1n} \\ a_{21} & a_{22} & \cdots & a_{2n} \\ \vdots & \vdots & \ddots & \vdots \\ a_{m1} & a_{m2} & \cdots & a_{mn} \end{pmatrix} = \text{rank} \begin{pmatrix} a_{11} & a_{12} & \cdots & a_{1n} & b_1 \\ a_{21} & a_{22} & \cdots & a_{2n} & b_2 \\ \vdots & \vdots & \ddots & \vdots & \vdots \\ a_{m1} & a_{m2} & \cdots & a_{mn} & b_m \end{pmatrix}$$

つまり，係数行列 A と拡大係数行列 $(A\vec{b})$ の階数が等しくなる場合です．

Type I. 連立1次方程式の解が1組存在する場合

連立1次方程式

$$\begin{cases} x - y = 1 \\ x + y = 2 \\ 3x + y = 5 \end{cases}$$

を行列で表現すると，$A\vec{x} = \vec{b}$ は

$$\begin{pmatrix} 1 & -1 \\ 1 & 1 \\ 3 & 1 \end{pmatrix} \begin{pmatrix} x \\ y \end{pmatrix} = \begin{pmatrix} 1 \\ 2 \\ 5 \end{pmatrix}$$

拡大係数行列に行基本変形行うと

$$(A\vec{b}) = \begin{pmatrix} 1 & -1 & | & 1 \\ 1 & 1 & | & 2 \\ 3 & 1 & | & 5 \end{pmatrix} \sim \begin{pmatrix} 1 & -1 & | & 1 \\ 0 & 2 & | & 1 \\ 0 & 4 & | & 2 \end{pmatrix}$$

$$\sim \begin{pmatrix} 1 & -1 & | & 1 \\ 0 & 1 & | & \frac{1}{2} \\ 0 & 4 & | & 2 \end{pmatrix} \sim \begin{pmatrix} 1 & 0 & | & \frac{3}{2} \\ 0 & 1 & | & \frac{1}{2} \\ 0 & 0 & | & 0 \end{pmatrix}$$

← 記号 ～ は同値変形を表す.

よって, $x = \dfrac{3}{2},\ y = \dfrac{1}{2}$

$$\mathrm{rank}\begin{pmatrix} 1 & -1 \\ 1 & 1 \\ 3 & 1 \end{pmatrix} = 2, \quad \mathrm{rank}\begin{pmatrix} 1 & -1 & 1 \\ 1 & 1 & 2 \\ 3 & 1 & 5 \end{pmatrix} = 2$$

したがって, この連立方程式において, 未知数は 2 個 (x, y), $\mathrm{rank}(A) = \mathrm{rank}(A\vec{b}) = 2$ であるから, 解は 1 組存在します.

Type II. 連立 1 次方程式の解が存在しない場合

連立 1 次方程式

$$\begin{cases} x + y + z = 1 \\ 2x + 2y + 2z = 3 \end{cases}$$

を行列で表現すると $A\vec{x} = \vec{b}$ は

$$\begin{pmatrix} 1 & 1 & 1 \\ 2 & 2 & 2 \end{pmatrix} \begin{pmatrix} x \\ y \\ z \end{pmatrix} = \begin{pmatrix} 1 \\ 3 \end{pmatrix}$$

$$(A\vec{b}) = \begin{pmatrix} 1 & 1 & 1 & | & 1 \\ 2 & 2 & 2 & | & 3 \end{pmatrix} \sim \begin{pmatrix} 1 & 1 & 1 & | & 1 \\ 0 & 0 & 0 & | & 1 \end{pmatrix}$$

連立方程式に戻すと

$$\begin{cases} x + y + z = 1 \\ 0x + 0y + 0z = 1 \end{cases}$$

となるから, 第 2 式はどのような x, y, z でも成り立ちません. すなわち解は存在しないことになります.

$$\text{rank}\begin{pmatrix} 1 & 1 & 1 \\ 2 & 2 & 2 \end{pmatrix} = 1, \quad \text{rank}\begin{pmatrix} 1 & 1 & 1 & 2 \\ 2 & 2 & 2 & 3 \end{pmatrix} = 2$$

このように, $r(A) \neq r(A\vec{b})$ のとき, 解は存在しません.

Type III. 連立 1 次方程式の解が無数に存在する場合

連立 1 次方程式

$$\begin{cases} x - y + z = 1 \\ x + y + z = 2 \end{cases}$$

を行列で表現すると $A\vec{x} = \vec{b}$ は

$$\begin{pmatrix} 1 & -1 & 1 \\ 1 & 1 & 1 \end{pmatrix} \begin{pmatrix} x \\ y \\ z \end{pmatrix} = \begin{pmatrix} 1 \\ 2 \end{pmatrix}$$

拡大係数行列 $(A\vec{b})$ に行基本変形を施すと

$$(A\vec{b}) = \begin{pmatrix} 1 & -1 & 1 & \bigg| & 1 \\ 1 & 1 & 1 & \bigg| & 2 \end{pmatrix} \sim \begin{pmatrix} 1 & -1 & 1 & \bigg| & 1 \\ 0 & 2 & 0 & \bigg| & 1 \end{pmatrix} \sim \begin{pmatrix} 1 & -1 & 1 & \bigg| & 1 \\ 0 & 1 & 0 & \bigg| & \frac{1}{2} \end{pmatrix}$$

$$\sim \begin{pmatrix} 1 & 0 & 1 & \bigg| & \frac{3}{2} \\ 0 & 1 & 0 & \bigg| & \frac{1}{2} \end{pmatrix}$$

この最後の基本変形を連立方程式に戻すと

$$\begin{cases} x + z = \frac{3}{2} \\ y = \frac{1}{2} \end{cases}$$

$z = t$ (t は任意の実数) と書き換えると, $x = \frac{3}{2} - t$, $y = \frac{1}{2}$, $z = t$ となります.

$$\begin{pmatrix} x \\ y \\ z \end{pmatrix} = \begin{pmatrix} \frac{3}{2} \\ \frac{1}{2} \\ 0 \end{pmatrix} + \begin{pmatrix} -1 \\ 0 \\ 1 \end{pmatrix} t$$

これは解が無数にあることを意味しています. ここで, 係数行列と拡大係数行列の階数を調べると

$$\text{rank}\begin{pmatrix} 1 & -1 & 1 \\ 1 & 1 & 1 \end{pmatrix} = 2, \quad \text{rank}\begin{pmatrix} 1 & -1 & 1 & 1 \\ 1 & 1 & 1 & 2 \end{pmatrix} = 2$$

であるから，係数行列 A と拡大係数行列 $(A\vec{b})$ の階数が等しく解が存在することがわかります．しかし，この連立方程式においては，未知数 (n) は 3 個 (x, y, z) で $r(A) = r(A\vec{b}) = 2$ となり $n = 3$ より小さいので，このような場合，解は不定形となります．

例 4.5

連立 1 次方程式

$$\begin{cases} x + y + z = 2 \\ x + 2y + 3z = 3 \\ x + 5y + 9z = 6 \end{cases}$$

拡大係数行列 $(A\vec{b})$ に行基本変形を施すと

$$\begin{pmatrix} 1 & 1 & 1 & | & 2 \\ 1 & 2 & 3 & | & 3 \\ 1 & 5 & 9 & | & 6 \end{pmatrix} \longrightarrow \begin{pmatrix} 1 & 1 & 1 & | & 2 \\ 0 & 1 & 2 & | & 1 \\ 0 & 4 & 8 & | & 4 \end{pmatrix} \longrightarrow \begin{pmatrix} 1 & 0 & -1 & | & 1 \\ 0 & 1 & 2 & | & 1 \\ 0 & 0 & 0 & | & 0 \end{pmatrix}$$

これより

$$\mathrm{rank} \begin{pmatrix} 1 & 1 & 1 \\ 1 & 2 & 3 \\ 1 & 5 & 9 \end{pmatrix} = 2, \quad \mathrm{rank} \begin{pmatrix} 1 & 1 & 1 & 2 \\ 1 & 2 & 3 & 3 \\ 1 & 5 & 9 & 6 \end{pmatrix} = 2$$

$r(A) = r(A\vec{b}) = 2$ で，$<$ 未知数の個数 $(n = 3)$ より，解は不定形となります．このような場合，解を次のように表現することもあります．

$$\begin{pmatrix} 1 & 0 & -1 & | & 1 \\ 0 & 1 & 2 & | & 1 \\ 0 & 0 & 0 & | & 0 \end{pmatrix} \longrightarrow \left(\begin{array}{cc||c|c} 1 & 0 & 1 & 1 \\ 0 & 1 & -2 & 1 \\ \hline 0 & 0 & ① & 0 \end{array} \right)$$

ただし，縦線 $\|$ は，単位行列ができている部分で区切ったもので，移項を示します．

また，表のなかの① は，数値 1 を挿入したもので，任意の定数 t の係数 1 を示します．

$$\begin{pmatrix} x \\ y \\ z \end{pmatrix} = \begin{pmatrix} 1 \\ 1 \\ 0 \end{pmatrix} + \begin{pmatrix} 1 \\ -2 \\ 1 \end{pmatrix} t$$

> **連立 1 次方程式の解のまとめ**
> 1) 連立 1 次方程式 $A\vec{x} = \vec{b}$ が解をもつための必要十分条件は，拡大係数行列を $(A\vec{b})$ とすると
>
> $$\mathrm{rank}(A) = \mathrm{rank}(A\vec{b})$$
>
> が成り立つときであり，未知数の数を n 個とするとき
>
> $$\mathrm{rank}(A) = \mathrm{rank}(A\vec{b}) = r$$
>
> とすれば $r = n$ のとき，連立 1 次方程式はただ 1 つの解をもつ．
> 2) $r < n$ のとき，解は無数に存在する．（不定形）
> 3) $r \neq n$ のとき，解は存在しない．

4.4.1 同次連立 1 次方程式

連立 1 次方程式

$$\begin{cases} a_{11}x_1 + a_{12}x_2 + \cdots + a_{1n}x_n = b_1 \\ a_{21}x_1 + a_{22}x_2 + \cdots + a_{2n}x_n = b_2 \\ \quad\vdots \qquad\quad \vdots \qquad\qquad \vdots \\ a_{m1}x_1 + a_{m2}x_2 + \cdots + a_{mn}x_n = b_m \end{cases}$$

で $b_1 = b_2 = \cdots = b_m = 0$ の場合

$$\begin{cases} a_{11}x_1 + a_{12}x_2 + \cdots + a_{1n}x_n = 0 \\ a_{21}x_1 + a_{22}x_2 + \cdots + a_{2n}x_n = 0 \\ \quad\vdots \qquad\quad \vdots \qquad\qquad \vdots \\ a_{m1}x_1 + a_{m2}x_2 + \cdots + a_{mn}x_n = 0 \end{cases}$$

となり，このような方程式を**同次連立 1 次方程式**（homogeneous simultaneous linear equations）という．係数行列を A とすれば，この連立 1 次方程式は

$A\vec{x} = \vec{0}$

と書くことができます．同次連立 1 次方程式はつねに

$x_1 = x_2 = \cdots = x_n = 0$

の解をもち，このような解を**自明な解**（trivial solution）といい，これ以外の解を**非自明解**（non-trivial solution）と呼びます．もし係数行列 A

が正則，すなわち $|A| \neq 0$ ならば，$A\vec{x} = \vec{0}$ の両辺に左から逆行列 A^{-1} をかけるとこの方程式の解は

$$\vec{x} = \vec{0}$$

となり，これ以外に解はありません．同次連立 1 次方程式が非自明解をもつための必要十分な条件は，方程式の数 (n) と未知数の数が等しく，係数行列を A とすると，rank(A)< n で，係数行列の行列式が $|A| = 0$ の場合です．

例 4.6

同次連立 1 次方程式

$$\begin{cases} (1-m)x + y + z = 0 \\ x + (1-m)y + z = 0 \\ x + y + (1-m)z = 0 \end{cases}$$

が非自明解をもつように m の値を定めて解を求めてみましょう．

同次連立 1 次方程式が非自明解をもつためには，係数行列が正則でなく，行列式が $|A| = 0$ のときであるから

$$\begin{vmatrix} (1-m) & 1 & 1 \\ 1 & (1-m) & 1 \\ 1 & 1 & (1-m) \end{vmatrix} = (1-m)^3 + 2 - 3(1-m) = m^2(3-m) = 0$$

よって，$m = 0, 3$

■ $m = 0$ のときの解

$$\begin{cases} x + y + z = 0 \\ x + y + z = 0 \\ x + y + z = 0 \end{cases}$$

これより，求める解は $x = a$, $y = b$, $z = -a - b$ （a, b は任意定数）．

■ $m = 3$ のときの解

$$\begin{cases} -2x + y + z = 0 \\ x + -2y + z = 0 \\ x + y + -2z = 0 \end{cases}$$

これより，求める解は $x = y = z = c$ （c は任意定数）．

問 4.6

次の連立 1 次方程式を掃き出し法を用いて解いてみよう．

1) $\begin{cases} x + y = 5 \\ 2x + y = 7 \\ x + 2y = 8 \\ x - y = -1 \end{cases}$
2) $\begin{cases} x + 2z = 9 \\ x + 2y - 2z = 1 \\ 3x + 6y - 5z = 0 \end{cases}$

3) $\begin{cases} x + 2z = -1 \\ 2x - y + 3z = -3 \\ 4x + y + 8z = 1 \end{cases}$

問 4.7

次の同次連立 1 次方程式を解いてみよう．

1) $\begin{cases} x + 4y - 2z = 0 \\ 2x + y + z = 0 \\ 3x + 5y - z = 0 \end{cases}$
2) $\begin{cases} x + 2y + 3z = 0 \\ 4x + 5y + 6z = 0 \\ 7x + 8y + 9z = 0 \end{cases}$

4.5 クラメールの公式

連立 1 次方程式

$$\begin{cases} a_{11}x_1 + a_{12}x_2 + a_{13}x_3 = b_1 \\ a_{21}x_1 + a_{22}x_2 + a_{23}x_3 = b_2 \\ a_{31}x_1 + a_{32}x_2 + a_{33}x_3 = b_3 \end{cases}$$

$$A = \begin{pmatrix} a_{11} & a_{12} & a_{13} \\ a_{21} & a_{22} & a_{23} \\ a_{31} & a_{32} & a_{33} \end{pmatrix}, \quad \vec{x} = \begin{pmatrix} x_1 \\ x_2 \\ x_3 \end{pmatrix}, \quad \vec{b} = \begin{pmatrix} b_1 \\ b_2 \\ b_3 \end{pmatrix}$$

とすると

$$A\vec{x} = \vec{b}$$

と表されます．係数行列 A が正則ならば，両辺に左から逆行列 A^{-1} をかけて

$$\vec{x} = A^{-1}\vec{b}$$

$$\begin{pmatrix} x_1 \\ x_2 \\ x_3 \end{pmatrix} = \frac{1}{|A|} \begin{pmatrix} A_{11} & A_{21} & A_{31} \\ A_{12} & A_{22} & A_{32} \\ A_{13} & A_{23} & A_{33} \end{pmatrix} \begin{pmatrix} b_1 \\ b_2 \\ b_3 \end{pmatrix}$$

$$= \frac{1}{|A|} \begin{pmatrix} A_{11}b_1 + A_{21}b_2 + A_{31}b_3 \\ A_{12}b_1 + A_{22}b_2 + A_{32}b_3 \\ A_{13}b_1 + A_{23}b_2 + A_{33}b_3 \end{pmatrix}$$

行列式 $|A|$ の第 1 列についての余因子展開は

$$|A| = \begin{vmatrix} a_{11} & a_{12} & a_{13} \\ a_{21} & a_{22} & a_{23} \\ a_{31} & a_{32} & a_{33} \end{vmatrix} = a_{11}A_{11} + a_{21}A_{21} + a_{31}A_{31}$$

$A_{11}b_1 + A_{21}b_2 + A_{31}b_3$ は a_{11}, a_{12}, a_{13} の代わりに b_1, b_2, b_3 を代入した式になっているから

$$A_{11}b_1 + A_{21}b_2 + A_{31}b_3 = \begin{vmatrix} b_1 & a_{12} & a_{13} \\ b_2 & a_{22} & a_{23} \\ b_3 & a_{32} & a_{33} \end{vmatrix}$$

と書くことができます．同様に，第 2 列と第 3 列は

$$A_{12}b_1 + A_{22}b_2 + A_{32}b_3 = \begin{vmatrix} a_{11} & b_1 & a_{13} \\ a_{21} & b_2 & a_{23} \\ a_{31} & b_3 & a_{33} \end{vmatrix}$$

$$A_{13}b_1 + A_{23}b_2 + A_{33}b_3 = \begin{vmatrix} a_{11} & a_{12} & b_1 \\ a_{21} & a_{22} & b_2 \\ a_{31} & a_{32} & b_3 \end{vmatrix}$$

となります．したがって，連立 1 次方程式の係数行列 A が正則ならば，その解は次の式で与えられます．

$$x_1 = \frac{1}{|A|} \begin{vmatrix} b_1 & a_{12} & a_{13} \\ b_2 & a_{22} & a_{23} \\ b_3 & a_{32} & a_{33} \end{vmatrix}$$

$$x_2 = \frac{1}{|A|} \begin{vmatrix} a_{11} & b_1 & a_{13} \\ a_{21} & b_2 & a_{23} \\ a_{31} & b_3 & a_{33} \end{vmatrix}$$

$$x_3 = \frac{1}{|A|} \begin{vmatrix} a_{11} & a_{12} & b_1 \\ a_{21} & a_{22} & b_2 \\ a_{31} & a_{32} & b_3 \end{vmatrix}$$

これらを**クラメールの公式**（Cramer's formula）といいます．この公式は n 個の方程式から作られる連立 1 次方程式についても成り立ちます．

○ クラメール（1704–1752）
Cramer Gabriel. スイスの数学者．

4.5 クラメールの公式

> **例** 4.7

次の連立1次方程式をクラメールの公式を用いて求めてみましょう.

1) $\begin{cases} 4x - y = 7 \\ 3x + 2y = 8 \end{cases}$

$$x = \frac{\begin{vmatrix} 7 & -1 \\ 8 & 2 \end{vmatrix}}{\begin{vmatrix} 4 & -1 \\ 3 & 2 \end{vmatrix}} = \frac{7 \cdot 2 - 8 \cdot (-1)}{4 \cdot 2 - 3 \cdot (-1)} = \frac{22}{11} = 2$$

$$y = \frac{\begin{vmatrix} 4 & 7 \\ 3 & 8 \end{vmatrix}}{\begin{vmatrix} 4 & -1 \\ 3 & 2 \end{vmatrix}} = \frac{4 \cdot 8 - 3 \cdot 7}{4 \cdot 2 - 3 \cdot (-1)} = \frac{11}{11} = 1$$

2) $\begin{cases} x + 4y - 7z = 0 \\ -2x + 5z = -1 \\ 3x + y - 8z = 2 \end{cases}$

係数行列は

$$A = \begin{pmatrix} 1 & 4 & -7 \\ -2 & 0 & 5 \\ 3 & 1 & -8 \end{pmatrix}$$

$|A| = 60 + 14 - 64 - 5 = 5$ であるから, $|A|$ はクラメールの公式を使って

$$x = \frac{1}{5} \begin{vmatrix} 0 & 4 & -7 \\ -1 & 0 & 5 \\ 2 & 1 & -8 \end{vmatrix} = \frac{1}{5}(40 + 7 - 32) = 3$$

$$y = \frac{1}{5} \begin{vmatrix} 1 & 0 & -7 \\ -2 & -1 & 5 \\ 3 & 2 & -8 \end{vmatrix} = \frac{1}{5}(8 + 28 - 21 - 10) = 1$$

$$z = \frac{1}{5} \begin{vmatrix} 1 & 4 & 0 \\ -2 & 0 & -1 \\ 3 & 1 & 2 \end{vmatrix} = \frac{1}{5}(-12 + 16 + 1) = 1$$

第4章 連立1次方程式

問 4.8

次の連立1次方程式をクラメールの公式を用いて解いてみよう．

1) $\begin{cases} 2x+y=1 \\ x+y=3 \end{cases}$
2) $\begin{cases} x+y-z=2 \\ x-4y+3z=4 \\ 2x+3y-z=0 \end{cases}$

練習問題

1. 次の行列は逆行列をもつか．もてば逆行列を求めなさい．

   (1) $\begin{pmatrix} 3 & 4 \\ 5 & 7 \end{pmatrix}$ (2) $\begin{pmatrix} 4 & 10 \\ -2 & -5 \end{pmatrix}$

   (3) $\begin{pmatrix} 1 & 0 & 1 \\ 3 & 1 & 8 \\ -2 & 0 & -1 \end{pmatrix}$

2. 次の連立1次方程式を逆行列を用いて解きなさい．

   (1) $\begin{cases} 3x + 2y = 7 \\ 2x + 5y = 1 \end{cases}$ (2) $\begin{cases} x + 2y + z = -2 \\ 2x + y - 2z = 0 \\ 3x + 5y + z = -6 \end{cases}$

   (3) $\begin{cases} x + z = 3 \\ 3x + y + 8z = 18 \\ -2x - z = -4 \end{cases}$

3. 次の行列の階数を求めなさい．

   (1) $\begin{pmatrix} 2 & 3 \\ 4 & 1 \end{pmatrix}$ (2) $\begin{pmatrix} 0 & 1 & 0 \\ 1 & 0 & 1 \\ 0 & 1 & 0 \end{pmatrix}$

   (3) $\begin{pmatrix} 1 & -1 & 0 \\ -1 & 0 & 1 \\ 0 & -1 & 1 \\ 2 & 1 & -2 \\ -3 & 5 & -4 \end{pmatrix}$

4. 次の連立1次方程式を解きなさい．

   (1) $\begin{cases} x + 2y + 5z = 4 \\ 3x + 4y + 6z = 3 \\ 3x + 2y - 3z = -6 \end{cases}$ (2) $\begin{cases} x - 3y + z + w = 5 \\ 3x - 8y + 2z + 8w = 7 \\ 4x - 2y + 3z + 9z = 3 \\ 3x + 8y + 4z - 2w = 5 \end{cases}$

5. 次の連立1次方程式は解をもつか調べ，解をもてば掃き出し法を用いて解きなさい．

   (1) $\begin{cases} 2x - 3y = -2 \\ 2x + y = 1 \\ 3x + 2y = 1 \end{cases}$ (2) $\begin{cases} 2x + 7z = 4 \\ x + y + 2z = 1 \\ 3x + 3y + 6z = 3 \end{cases}$

(3) $\begin{cases} x+z=3 \\ y-2z=-3 \\ x-y+4z=7 \\ 5x+2y+5z=13 \\ -x+2y+z=-3 \end{cases}$

6. 次の連立1次方程式がただ1つの解をもつように a,b の値を求めなさい．

(1) $\begin{cases} x-y+z=6 \\ -x+y+z=-2 \\ 2x+2z=6 \\ -x+y=-4 \\ x+2y-z=a \end{cases}$ (2) $\begin{cases} x+y+z=-1 \\ x-y-z=3 \\ -x+2y-z=7 \\ -x+2z=a \\ 2x+3y+z=b \end{cases}$

7. 次の連立1次方程式が解をもつように定数 a の値を定め，その解を求めなさい．

(1) $\begin{cases} x-z=4a+5 \\ x+2y-3z=2a+1 \\ x+y-2z=a-1 \end{cases}$ (2) $\begin{cases} x+2y+3z=2a \\ 2x+3y+z=2 \\ 3x+5y+4z=a \end{cases}$

8. 次の連立1次方程式が $x=y=0$ 以外の解をもつように，定数 a の値を求めなさい．

$\begin{cases} 2x+(1-a)y=0 \\ ax-3y=0 \end{cases}$

9. クラメールの公式を用いて，次の連立1次方程式を解きなさい．

(1) $\begin{cases} 2x-y=3 \\ x+3y=5 \end{cases}$ (2) $\begin{cases} 2x+y+z=6 \\ x-3y-4z=-7 \\ 5x+2y+3z=17 \end{cases}$

(3) $\begin{cases} 2x+3y+4z=20 \\ 3x+4y+5z=26 \\ 3x+5y+6z=31 \end{cases}$

第5章

線形変換

5.1 線形変換とその意味

座標平面上の各点に点を対応させる規則を一般に座標平面上の**変換**（transformation）といいます．この変換が点 P に点 P′ を対応させるとき，記号 f などを用いて

$$P' = f(P)$$

で表し，点 P′ を変換 f による点 P の**像**（image）といいます．

一般に，点 $P(x, y)$ が点 $P(x', y')$ に移されるとき

$$f : \begin{cases} x' = ax + by \\ y' = cx + dy \end{cases}$$

のように，定数項を含まない x, y の1次式によって表されます．この変換を**線形変換**（linear transformation）または**1次変換**といいます．

ここで

$$\vec{x'} = \begin{pmatrix} x' \\ y' \end{pmatrix}, \quad \vec{x} = \begin{pmatrix} x \\ y \end{pmatrix}, \quad A = \begin{pmatrix} a & b \\ c & d \end{pmatrix}$$

とおけば

$$\vec{x'} = A\vec{x}$$

また，行列を用いて

$$\begin{pmatrix} x' \\ y' \end{pmatrix} = \begin{pmatrix} a & b \\ c & d \end{pmatrix} \begin{pmatrix} x \\ y \end{pmatrix}$$

と書くことができます．

これは2次元のベクトルにベクトルを対応させる変換と考えることができます．この変換を正方行列 A で表される1次変換といい，行列 A

⬅ 図形を点が集まったものとみると，図形の移動が線形変換とみなすことができる．

⬅ $\begin{cases} x' = 4x + 3 \\ y' = 2y - 1 \end{cases}$

$\begin{cases} x' = x + 2y \\ y' = xy \end{cases}$

などは1次変換になっていない．

を **1 次変換** f **を表す行列**といいます. 　　　　　　　　　　○ このような行列を表現行列ともいう.

一般にこの 1 次変換は

$$\vec{x}' = f(\vec{x})$$

と表します.

---
1 次変換の性質

1) ベクトルの和の像は各ベクトルの像の和となる.

$$f(\vec{u} + \vec{v}) = f(\vec{u}) + f(\vec{v})$$

2) ベクトルの k 倍の像はベクトルの像の k 倍になる.

$$f(k\vec{v}) = kf(\vec{v})$$

○ この性質を線形性という.

特に, 単位行列 I の表す 1 次変換は任意のベクトル $\vec{x}$ に対して

$$I \cdot \vec{x} = \begin{pmatrix} 1 & 0 \\ 0 & 1 \end{pmatrix} \begin{pmatrix} x \\ y \end{pmatrix} = \begin{pmatrix} x \\ y \end{pmatrix} = \vec{x}$$

となり, これはすべてのベクトルを変えない変換, すなわち座標平面上のすべての点を動かさない変換であり, これを**恒等変換**（identity transformation）といいます. 恒等変換では, 点 P は点 P 自身に移されます.

一般に, 任意の行列 $\begin{pmatrix} a & b \\ c & d \end{pmatrix}$ について, 1 次変換による原点 (0,0) の像は

$$\begin{pmatrix} x' \\ y' \end{pmatrix} = \begin{pmatrix} a & b \\ c & d \end{pmatrix} \begin{pmatrix} 0 \\ 0 \end{pmatrix} = \begin{pmatrix} 0 \\ 0 \end{pmatrix}$$

であるから, 原点 (0,0) を原点自身に移します.

例 5.1

行列 $\begin{pmatrix} 2 & -1 \\ 1 & 3 \end{pmatrix}$ の表す 1 次変換による

1) 点 (2,1)　　2) 点 (3,−2)

の像を求めてみましょう.

1) $$\begin{pmatrix} x' \\ y' \end{pmatrix} = \begin{pmatrix} 2 & -1 \\ 1 & 3 \end{pmatrix} \begin{pmatrix} 2 \\ 1 \end{pmatrix} = \begin{pmatrix} 3 \\ 5 \end{pmatrix}$$

よって, 点 (2,1) の像は, 点 (3,5)

2)
$$\begin{pmatrix} x' \\ y' \end{pmatrix} = \begin{pmatrix} 2 & -1 \\ 1 & 3 \end{pmatrix} \begin{pmatrix} 3 \\ -2 \end{pmatrix} = \begin{pmatrix} 8 \\ -3 \end{pmatrix}$$

よって，点 $(3,-2)$ の像は，点 $(8,-3)$

例 5.2

点 $(1,2)$ を点 $(4,-7)$ に，点 $(2,3)$ を点 $(5,-10)$ に移す 1 次変換を表す行列を求めてみましょう．

1 次変換を表す行列を A とすると，条件から

$$A \begin{pmatrix} 1 \\ 2 \end{pmatrix} = \begin{pmatrix} 4 \\ -7 \end{pmatrix}, \quad A \begin{pmatrix} 2 \\ 3 \end{pmatrix} = \begin{pmatrix} 5 \\ -10 \end{pmatrix}$$

よって

$$A \begin{pmatrix} 1 & 2 \\ 2 & 3 \end{pmatrix} = \begin{pmatrix} 4 & 5 \\ -7 & -10 \end{pmatrix}$$

行列 $\begin{pmatrix} 1 & 2 \\ 2 & 3 \end{pmatrix}$ の逆行列は

$$\begin{pmatrix} 1 & 2 \\ 2 & 3 \end{pmatrix}^{-1} = \begin{pmatrix} -3 & 2 \\ 2 & -1 \end{pmatrix}$$

⬅ 行列式 $\begin{vmatrix} 1 & 2 \\ 2 & 3 \end{vmatrix}$ の値
$1 \cdot 3 - 2 \cdot 2 = -1 \neq 0$

であるから，両辺の右から逆行列 $\begin{pmatrix} -3 & 2 \\ 2 & -1 \end{pmatrix}$ をかけると

$$A = \begin{pmatrix} 4 & 5 \\ -7 & -10 \end{pmatrix} \begin{pmatrix} -3 & 2 \\ 2 & -1 \end{pmatrix} = \begin{pmatrix} -2 & 3 \\ 1 & -4 \end{pmatrix}$$

例 5.3

直線の 1 次変換について考えてみましょう．次の 2 点 A, B を通る直線 l をベクトルで表現します．

A $= (1,5)$, B $= (4,8)$

図 5.1 のように，直線上に任意の点 P $= (x,y)$ をとり，A を通って x 軸に平行な直線が，B, P を通って x 軸に垂直な直線と交わる点をそれぞれ C, D とすれば

$\overline{AC} = 4 - 1 = 3, \quad \overline{AD} = x - 1$
$\overline{BC} = 8 - 5 = 3, \quad \overline{PD} = y - 5$

第 5 章　線形変換

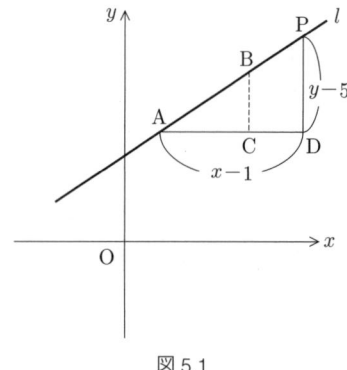

図 5.1

2 つの直角三角形 △APD と △ABC は相似ですから

$\overline{AD} : \overline{AC} = \overline{PD} : \overline{BC}$

$\dfrac{x-1}{3} = \dfrac{y-5}{3} = t$

$x = 1 + 3t, \quad y = 5 + 3t$

$\begin{pmatrix} x \\ y \end{pmatrix} = \begin{pmatrix} 1 \\ 5 \end{pmatrix} + \begin{pmatrix} 3 \\ 3 \end{pmatrix} t$

よって直線の式は，t を消去すると $y = x + 4$ となります．

ここで，直線 l に対して行列 $A = \begin{pmatrix} 5 & 2 \\ 4 & 3 \end{pmatrix}$ で，任意の点 (x, y) を 1 次変換することを考えます．

$\begin{pmatrix} x' \\ y' \end{pmatrix} = A \begin{pmatrix} x \\ y \end{pmatrix} = A \begin{pmatrix} 1 \\ 5 \end{pmatrix} + A \begin{pmatrix} 3 \\ 3 \end{pmatrix} t$

$A \begin{pmatrix} 1 \\ 5 \end{pmatrix} = \begin{pmatrix} 5 & 2 \\ 4 & 3 \end{pmatrix} \begin{pmatrix} 1 \\ 5 \end{pmatrix} = \begin{pmatrix} 15 \\ 19 \end{pmatrix}$

$A \begin{pmatrix} 3 \\ 3 \end{pmatrix} = \begin{pmatrix} 5 & 2 \\ 4 & 3 \end{pmatrix} \begin{pmatrix} 3 \\ 3 \end{pmatrix} = \begin{pmatrix} 21 \\ 21 \end{pmatrix}$

よって，変換後の直線の式は

$\begin{pmatrix} x' \\ y' \end{pmatrix} = \begin{pmatrix} 15 \\ 19 \end{pmatrix} + \begin{pmatrix} 21 \\ 21 \end{pmatrix} t$

t を消去すると $y' = x' + 4$ となります．これらの結果から，点 $\begin{pmatrix} x \\ y \end{pmatrix}$ が直線上を動くとき，その変換後の点 $\begin{pmatrix} x' \\ y' \end{pmatrix}$ もまた同一の直線上を動く

ことを示します．

問 5.1

点 (1,1) を点 (3,2) に，点 (2,1) を点 (7,0) に移す 1 次変換を表す行列を求めてみよう．

問 5.2

行列 $A = \begin{pmatrix} 2 & 5 \\ 1 & 3 \end{pmatrix}$ で表される 1 次変換によって，直線 $2x + 3y = 6$ はどのような図形に写像されるか求めてみよう．

5.2 合成変換と逆変換

5.2.1 合成変換

2 つの 1 次変換 f, g

$$f : \begin{cases} x' = a_{11}x + a_{12}y \\ y' = a_{21}x + a_{22}y \end{cases} \quad g : \begin{cases} x' = b_{11}x + b_{12}y \\ y' = b_{21}x + b_{22}y \end{cases}$$

を表す行列を，それぞれ

$$A = \begin{pmatrix} a_{11} & a_{12} \\ a_{21} & a_{22} \end{pmatrix}, \quad B = \begin{pmatrix} b_{11} & b_{12} \\ b_{21} & b_{22} \end{pmatrix}$$

とします．

図 5.2 に示されるように，1 次変換 f により点 $\mathrm{P}(x,y)$ が点 $\mathrm{P}'(x',y')$ に移され，1 次変換 g により点 $\mathrm{P}'(x',y')$ が点 $\mathrm{P}''(x'',y'')$ に移されたとすると

$$\begin{pmatrix} x' \\ y' \end{pmatrix} = A \begin{pmatrix} x \\ y \end{pmatrix}, \quad \begin{pmatrix} x'' \\ y'' \end{pmatrix} = B \begin{pmatrix} x' \\ y' \end{pmatrix}$$

と書けますから，よって

$$\begin{pmatrix} x'' \\ y'' \end{pmatrix} = B \left\{ A \begin{pmatrix} x \\ y \end{pmatrix} \right\} = BA \begin{pmatrix} x \\ y \end{pmatrix}$$

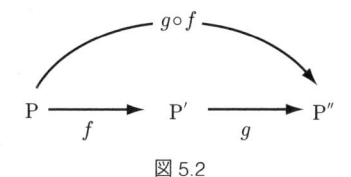

図 5.2

第5章 線形変換

$$P'' = g\{f(P)\}$$

このとき，点 $P(x,y)$ を点 $P''(x'',y'')$ に移す変換を，1次変換 f と g の**合成変換**（composite transformation）といい，記号 $g \circ f$ で表します．なお，1次変換 g と f との合成変換 $f \circ g$ も考えられるが，一般に $AB \neq BA$ であるから，$g \circ f$ と $f \circ g$ は異なる1次変換になります．

↪ $g \circ f$ は g マル f と読む．

例 5.4

2つの1次変換 f, g に対して，合成変換 $g \circ f$ と $f \circ g$ を求めてみましょう．

$$f : \begin{cases} x' = 5x + 3y \\ y' = -2x + y \end{cases} \quad g : \begin{cases} x' = -4x + 5y \\ y' = 3x - 4y \end{cases}$$

1次変換 f を表す行列は $\begin{pmatrix} 5 & 3 \\ -2 & 1 \end{pmatrix}$，1次変換 g を表す行列は $\begin{pmatrix} -4 & 5 \\ 3 & -4 \end{pmatrix}$ であるから，合成変換 $g \circ f$ を表す行列は

$$\begin{pmatrix} -4 & 5 \\ 3 & -45 \end{pmatrix} \begin{pmatrix} 5 & 3 \\ -2 & 1 \end{pmatrix} = \begin{pmatrix} -30 & -7 \\ 23 & 5 \end{pmatrix}$$

となる．よって

$$g \circ f : \begin{cases} x' = -30x - 7y \\ y' = 23x + 5y \end{cases}$$

また，合成変換 $f \circ g$ を表す行列は

$$\begin{pmatrix} 5 & 3 \\ -2 & 1 \end{pmatrix} \begin{pmatrix} -4 & 5 \\ 3 & -4 \end{pmatrix} = \begin{pmatrix} -11 & 13 \\ 11 & -14 \end{pmatrix}$$

となる．よって

$$f \circ g : \begin{cases} x' = -11x + 13y \\ y' = 11x - 14y \end{cases}$$

問 5.3

次の2つの1次変換 f, g に対して，合成変換 $g \circ f$ と $f \circ g$ を求めてみよう．また，点 $(2,3)$ はこれらの変換でどのような点に移されるだろうか．

$$f : \begin{cases} x' = 2x - y \\ y' = x + y \end{cases} \quad g : \begin{cases} x' = -x + y \\ y' = 3x + 1y \end{cases}$$

5.2.2 逆変換

1次変換 f により,点 $\mathrm{P}(x,y)$ が点 $\mathrm{P}'(x',y')$ に移されるとき,f を表す行列 A が正則である場合

$$\begin{pmatrix} x' \\ y' \end{pmatrix} = A \begin{pmatrix} x \\ y \end{pmatrix}, \quad \begin{pmatrix} x \\ y \end{pmatrix} = A^{-1} \begin{pmatrix} x' \\ y' \end{pmatrix}$$

これらの2つの式は同値です.よって,点 $\mathrm{P}'(x',y')$ を点 $\mathrm{P}(x,y)$ に移す変換が考えられ,この変換を1次変換 f の **逆変換**(inverse transformation)といい,記号 f^{-1} で表します.1次変換 f を表す行列 A が逆行列 A^{-1} をもてば

$$A^{-1}A = AA^{-1} = I$$

であるから,$f^{-1} \circ f$ と $f \circ f^{-1}$ を表す行列は単位行列 I になり,合成変換 $f^{-1} \circ f$ および $f \circ f^{-1}$ は恒等変換です.なお,行列 A が正則でない場合に逆変換は存在しません.

例 5.5

次の1次変換 f の逆変換を表す行列と,f によって点 $(2,3)$ に移されるもとの点の座標を求めてみましょう.

$$f : \begin{cases} x' = 5x + 2y \\ y' = 3x + y \end{cases}$$

逆変換 f^{-1} を表す行列は A^{-1} であるから

$$A^{-1} = \frac{1}{-1} \begin{pmatrix} 1 & -2 \\ -3 & 5 \end{pmatrix} = \begin{pmatrix} -1 & 2 \\ 3 & -5 \end{pmatrix}$$

もとの点の座標を (x,y) とすると

$$\begin{pmatrix} x \\ y \end{pmatrix} = A^{-1} \begin{pmatrix} 2 \\ 3 \end{pmatrix} = \begin{pmatrix} -1 & 2 \\ 3 & -5 \end{pmatrix} \begin{pmatrix} 2 \\ 3 \end{pmatrix} = \begin{pmatrix} 4 \\ -9 \end{pmatrix}$$

よって,もとの点の座標は $(4,-9)$

問 5.4

次の1次変換 f に逆変換があれば,逆変換 f^{-1} を表す行列を求めてみよう.

1) $f : \begin{cases} x' = -4x + 2y \\ y' = 2x - y \end{cases}$ 　2) $f : \begin{cases} x' = x - y \\ y' = x + 3y \end{cases}$

3) $f : \begin{cases} x' = 2x + 3y \\ y' = 3x + 4y \end{cases}$

5.3 いろいろな1次変換

(1) x 軸に関する対称変換

座標平面上の点 $P(x,y)$ を x 軸に関して対称な点 $P'(x',y')$ に移すと

$$\begin{cases} x' = x \\ y' = -y \end{cases}$$

すなわち

$$\begin{cases} x' = 1 \cdot x + 0 \cdot y \\ y' = 0 \cdot x + (-1) \cdot y \end{cases}$$

であるから，この変換を行列で表すと

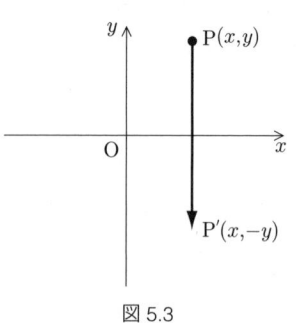

$$\begin{pmatrix} x' \\ y' \end{pmatrix} = \begin{pmatrix} 1 & 0 \\ 0 & -1 \end{pmatrix} \begin{pmatrix} x \\ y \end{pmatrix}$$

となります（図 5.3）．

図 5.3

(2) y 軸に関する対称変換

座標平面上の点 $P(x,y)$ を x 軸に関して対称な点 $P'(x',y')$ に移すと

$$\begin{cases} x' = -x \\ y' = y \end{cases}$$

この変換を行列で表すと

$$\begin{pmatrix} x' \\ y' \end{pmatrix} = \begin{pmatrix} -1 & 0 \\ 0 & 1 \end{pmatrix} \begin{pmatrix} x \\ y \end{pmatrix}$$

となります（図 5.4）．

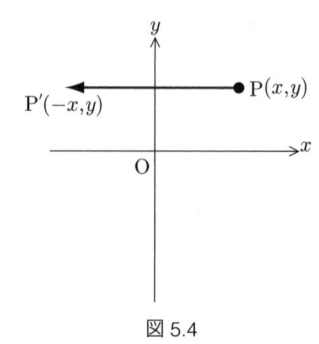

図 5.4

(3) 原点に関する対称変換

座標平面上の点 $P(x,y)$ を x 軸に関して対称な点 $P'(x',y')$ に移すと

$$\begin{cases} x' = -x \\ y' = -y \end{cases}$$

この変換を行列で表すと

$$\begin{pmatrix} x' \\ y' \end{pmatrix} = \begin{pmatrix} -1 & 0 \\ 0 & -1 \end{pmatrix} \begin{pmatrix} x \\ y \end{pmatrix}$$

となります（図 5.5）.

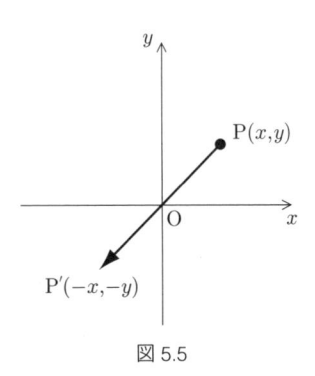

図 5.5

(4) 直線 $y = x$ に関する対称変換

座標平面上の点 $P(x, y)$ を直線 $y = x$ に関して対称な点 $P'(x', y')$ に移すと

$$\begin{cases} x' = y \\ y' = x \end{cases}$$

この変換を行列で表すと

$$\begin{pmatrix} x' \\ y' \end{pmatrix} = \begin{pmatrix} 0 & 1 \\ 1 & 0 \end{pmatrix} \begin{pmatrix} x \\ y \end{pmatrix}$$

となります（図 5.6）.

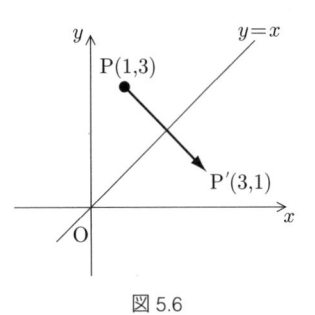

図 5.6

(5) 直線 $y = -x$ に関する対称変換

座標平面上の点 $P(x, y)$ を直線 $y = -x$ に関して対称な点 $P'(x', y')$ に移すと

$$\begin{cases} x' = -y \\ y' = -x \end{cases}$$

この変換を行列で表すと

$$\begin{pmatrix} x' \\ y' \end{pmatrix} = \begin{pmatrix} 0 & -1 \\ -1 & 0 \end{pmatrix} \begin{pmatrix} x \\ y \end{pmatrix}$$

となります（図 5.7）.

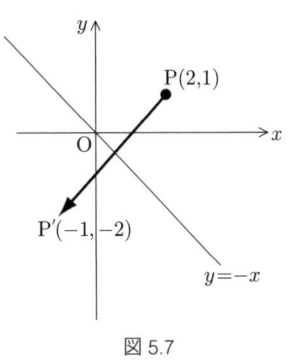

図 5.7

(6) 平行移動

座標平面上の点 $P(x, y)$ を x 方向に m, y 方向に n だけ移動した点 $P'(x', y')$ の座標は次の式で表され

$$\begin{cases} x' = x + m \\ y' = y + n \end{cases}$$

これを行列表現すると

$$\begin{pmatrix} x' \\ y' \\ 1 \end{pmatrix} = \begin{pmatrix} 1 & 0 & m \\ 0 & 1 & n \\ 0 & 0 & 1 \end{pmatrix} \begin{pmatrix} x \\ y \\ 1 \end{pmatrix}$$

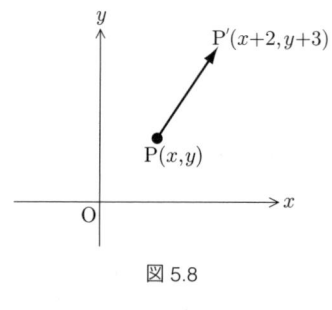

図 5.8

となります（図 5.8）．

　行列表現を用いると，図形の変換が1回で終わることは少なく，移動したり回転したりすることを組み合わせた複合変換となることが多いので，これらを簡潔に表現できることになります．2次元図形の変換の移動と回転などを統一的に扱うために，1次元増やした3次元行列がよく用いられます．

同次座標系

平行移動では変換行列を 2×2 行列を用いた場合，平行移動を表現できないが，1次元増やした3次元行列（同次座標表現）では平行移動も含めてすべての座標変換操作を変換行列の形で表すことができる．点 (x,y) は同次座標では $(x,y,1)$ と表現する．同次座標で (x,y,m) は，通常の2次元座標系では $\left(\dfrac{x}{m}, \dfrac{y}{m}\right)$ の点を表す．$m=0$ とすれば無限遠点を表現することが可能となる．

（7）拡大・縮小

　座標平面上の点 $\mathrm{P}(x,y)$ を k 倍した点 $\mathrm{P}'(x',y')$ の座標は次の式で表され

$$\begin{cases} x' = kx \\ y' = ky \end{cases}$$

これを行列表現すると

$$\begin{pmatrix} x' \\ y' \\ 1 \end{pmatrix} = \begin{pmatrix} k & 0 & 0 \\ 0 & k & 0 \\ 0 & 0 & 1 \end{pmatrix} \begin{pmatrix} x \\ y \\ 1 \end{pmatrix}$$

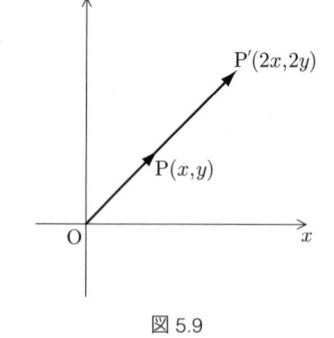

となります（図 5.9）．

図 5.9

　ただし，k が1より小さいときは，縮小になります．

（8）回転移動

　座標平面上で，原点 O を中心として，角度 θ だけ回転したとき，点 $\mathrm{P}(x,y)$ が点 $\mathrm{P}'(x',y')$ に移動したとする．図 5.10 において $\mathrm{OP}=r$，半直線 OP と x 軸とのなす角を α とすると

$$\begin{cases} x = r\cos\alpha \\ y = r\sin\alpha \end{cases}$$

5.3 いろいろな1次変換

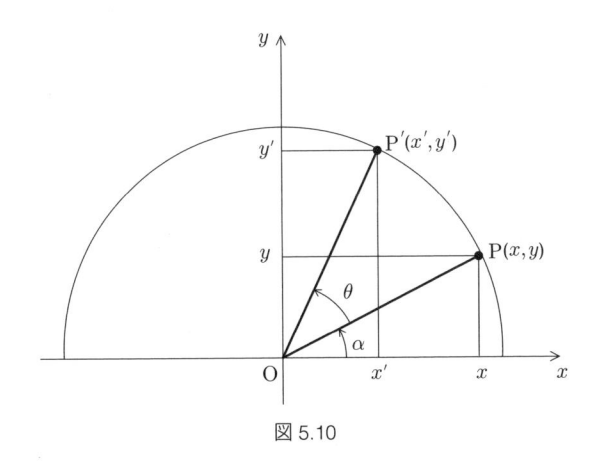

図 5.10

また，角度 θ だけ回転したときの半直線 OP' と x 軸とのなす角は $\alpha + \theta$ であるから

$$\begin{cases} x' = r\cos(\alpha + \theta) \\ y' = r\sin(\alpha + \theta) \end{cases}$$

この式は加法定理により

$$\begin{cases} x' = r(\cos\alpha\cos\theta - \sin\alpha\sin\theta) \\ y' = r(\sin\alpha\cos\theta + \cos\alpha\sin\theta) \end{cases}$$

← 加法定理
$\sin(\alpha \pm \beta)$
$\quad = \sin\alpha\cos\beta \pm \cos\alpha\sin\beta$
$\cos(\alpha \pm \beta)$
$\quad = \cos\alpha\cos\beta \mp \sin\alpha\sin\beta$

となります．これに $x = r\cos\alpha$, $y = r\sin\alpha$ を代入すると

$$\begin{cases} x' = x\cos\theta - y\sin\theta \\ y' = x\sin\theta + y\cos\theta \end{cases}$$

が得られます．これを行列表現すると次のようになります．

$$\begin{pmatrix} x' \\ y' \\ 1 \end{pmatrix} = \begin{pmatrix} \cos\theta & -\sin\theta & 0 \\ \sin\theta & \cos\theta & 0 \\ 0 & 0 & 1 \end{pmatrix} \begin{pmatrix} x \\ y \\ 1 \end{pmatrix}$$

5.3.1 アフィン変換

平行移動と拡大・縮小，回転，対称移動などが組み合わされた変換のことを**アフィン変換**（affine transformation）といいます．

図 5.11 に示されるように，図形 ABC の各点の座標を A(1,3), B(3,6), C(5,3) とするとき，この図形が x 軸の正方向に (+6) 平行移動し，さらに y 軸の負方向に (−3) 平行移動するとき，この変換を (A) とします．次に，x 軸に対称変換するとき，この変換を (B) とします．

⊙ アフィンは類似性を意味する英語 affinity に由来する．

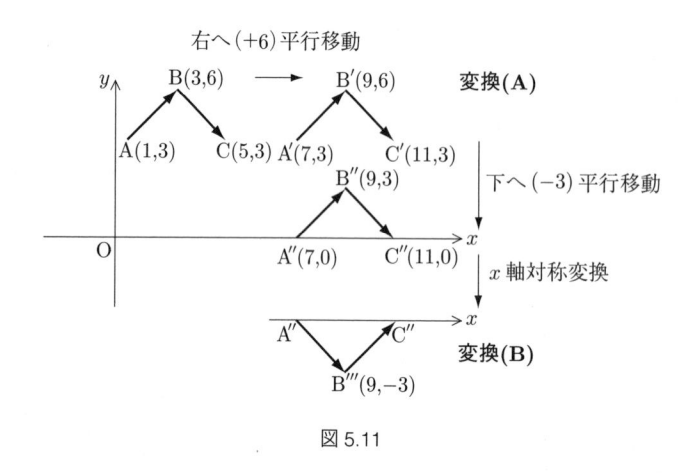

⊙ アフィン変換では，一般に変換後の長さ，角の大きさ，面積などの計量的性質は変化するが，平行という性質は保たれる．

図 5.11

この変換を同次座標表現で変換行列を表せば

変換（A）

（平行移動の変換行列）　（点 ABC）　変換後 (A)

$$\begin{pmatrix} 1 & 0 & 6 \\ 0 & 1 & -3 \\ 0 & 0 & 1 \end{pmatrix} \begin{pmatrix} 1 & 3 & 5 \\ 3 & 6 & 3 \\ 1 & 1 & 1 \end{pmatrix} = \begin{pmatrix} 7 & 9 & 11 \\ 0 & 3 & 0 \\ 1 & 1 & 1 \end{pmatrix}$$

変換（B）

（x 軸対称変換行列）　変換後 (A)　変換後 (B)

$$\begin{pmatrix} 1 & 0 & 0 \\ 0 & -1 & 0 \\ 0 & 0 & 1 \end{pmatrix} \begin{pmatrix} 7 & 9 & 11 \\ 0 & 3 & 0 \\ 1 & 1 & 1 \end{pmatrix} = \begin{pmatrix} 7 & 9 & 11 \\ 0 & -3 & 0 \\ 1 & 1 & 1 \end{pmatrix}$$

この変換をまとめて行列の積で書くと

$$\begin{array}{cccc}
(x\text{軸対称移動}) & (\text{平行移動}) & (\text{点 ABC}) & \text{変換後} \\
\begin{pmatrix} 1 & 0 & 0 \\ 0 & -1 & 0 \\ 0 & 0 & 1 \end{pmatrix} & \begin{pmatrix} 1 & 0 & 6 \\ 0 & 1 & -3 \\ 0 & 0 & 1 \end{pmatrix} & \begin{pmatrix} 1 & 3 & 5 \\ 3 & 6 & 3 \\ 1 & 1 & 1 \end{pmatrix} = & \begin{pmatrix} 7 & 9 & 11 \\ 0 & -3 & 0 \\ 1 & 1 & 1 \end{pmatrix}
\end{array}$$

となります．

アフィン変換の一般式は，次のように表されます．

$$\begin{cases} x' = ax + cy + e \\ y' = bx + dy + f \end{cases}$$

この変換を行列で表すと

$$\begin{pmatrix} x' \\ y' \\ 1 \end{pmatrix} = \begin{pmatrix} a & c & e \\ b & d & f \\ 0 & 0 & 1 \end{pmatrix} \begin{pmatrix} x \\ y \\ 1 \end{pmatrix}$$

ただし，行列の各成分のとる値に応じて，次の表 5.1 のような変換ができます．

表 5.1

変換	a	b	c	d	e	f
平行移動	1	1	0	0	m	n
拡大・縮小	s	s	0	0	0	0
回転 (90°)	0	1	-1	0	0	0
x 軸対称移動	1	0	0	-1	0	0
y 軸対称移動	-1	0	0	1	0	0

x 軸の正・負方向の移動量を m, y 軸の正・負方向の移動量を n, 拡大・縮小の値を s とする．

練習問題

1. 点 $(2,1), (1,2)$ をそれぞれ点 $(3,1), (1,3)$ に移す 1 次変換を表す行列 A を求めよ．また，その変換によって，点 $(5,4)$ はどのような点に移るか．座標を求めよ．

2. 行列 $A = \begin{pmatrix} 2 & -1 \\ 6 & -3 \end{pmatrix}$ で表される 1 次変換によって，次の各直線はどのような図形に写像されるか．
   (1) $2x + 3y = 6$ (2) $2x - y = 2$

3. 次の行列で表される 1 次変換によって，直線または放物線はどのような図形に写像されるか．
   (1) $\begin{pmatrix} 2 & -1 \\ 4 & 3 \end{pmatrix}$, 直線 $2x + y = 1$
   (2) $\begin{pmatrix} 0 & -1 \\ 2 & 0 \end{pmatrix}$, 放物線 $y = 4x^2$

4. 座標平面上の原点を中心とする角 $45°$ の回転移動によって，次の直線はどのような図形に移されるか．
   (1) $y = \dfrac{1}{3}x$ (2) $y = 2x + 3$

5. 行列 $\begin{pmatrix} 1 & -2 \\ -3 & 0 \end{pmatrix}$ で表される 1 次変換によって
   (1) 点 $(1,2)$ はどんな点に移されるか．
   (2) 直線 $y = 2x + 1$ はどのような直線に移されるか．
   (3) 直線 $y = ax$ 上の点がすべてこの直線上の点に移るとき，a の値を求めよ．

6. x 軸に関する対称移動と直線 $y = x$ に関する対称移動を合成変換するとき，原点の回りの回転角を求めよ．

7. 2 つの原点の回りの回転移動の 1 次変換 f, g の回転角をそれぞれ $-45°, 30°$ とするとき
   (1) 合成変換 $g \circ f$ の行列を求めよ．
   (2) 点 $(1,1)$ は合成変換 $g \circ f$ でどのような点に移るか．

第 6 章

固有値

6.1 固有値とその意味

任意の n 次正方行列 A に対して

$$A\vec{x} = \lambda\vec{x} \quad (\vec{x} \neq 0)$$

が成り立つとき，λ を**固有値** (eigen value, characteristic value)，$\vec{x}$ を**固有ベクトル** (eigen vector) といいます．

つまり，あるベクトル $\vec{x}$ に行列 A をかけるとベクトル $\vec{x}$ が定数倍（伸び縮み）になるということを表し，これはベクトルの向いている方向が変化しないということです．

行列 $A = \begin{pmatrix} a_{11} & a_{12} \\ a_{21} & a_{22} \end{pmatrix}$

において方向を変えないベクトル，すなわち

$$\begin{pmatrix} a_{11} & a_{12} \\ a_{21} & a_{22} \end{pmatrix} \begin{pmatrix} x \\ y \end{pmatrix} = \lambda \begin{pmatrix} x \\ y \end{pmatrix}$$

が成り立つようなベクトル

$$\begin{pmatrix} x \\ y \end{pmatrix}$$

が行列 A の固有ベクトルになります．これは「引き伸ばしと圧縮」を表す方向ベクトルであり，それに対応する λ が「引き伸ばし」と「圧縮」の比率で，固有値を表します．

例 6.1

対称行列 $A = \begin{pmatrix} 1 & 0.5 \\ 0.5 & 1 \end{pmatrix}$ の固有値 λ，固有ベクトルについて考え

第 6 章　固有値

てみましょう．

ベクトル $\begin{pmatrix} x \\ y \end{pmatrix}$ の 1 次変換は

$$\begin{pmatrix} 1 & 0.5 \\ 0.5 & 1 \end{pmatrix} \begin{pmatrix} x \\ y \end{pmatrix} = \begin{pmatrix} x + 0.5y \\ 0.5x + y \end{pmatrix}$$

であるから，これは座標平面上の点 (x, y) が行列 A によって点 $(x', y') = (x + 0.5y, 0.5x + y)$ に移された写像と見なすことができます．

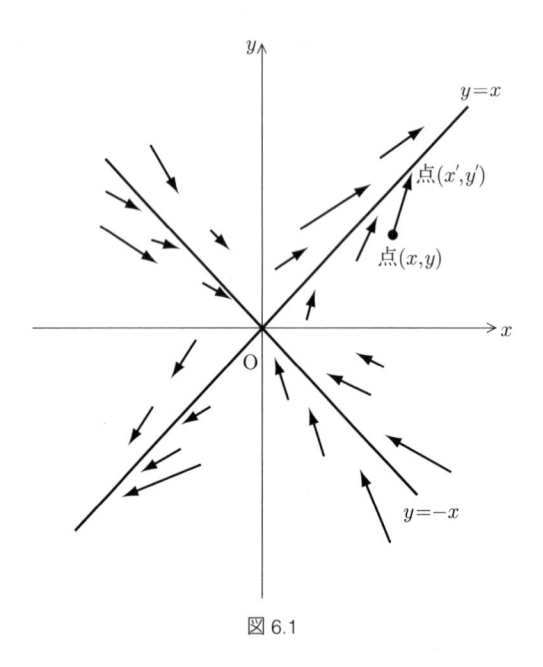

↶ 固有値・固有ベクトルは次のようになる．
$\begin{vmatrix} 1-\lambda & 0.5 \\ 0.5 & 1-\lambda \end{vmatrix} = 0$ より
$\lambda = 1.5, 0.5$

■ $\lambda = 1.5$ の固有ベクトル
$\begin{pmatrix} x \\ y \end{pmatrix} = \begin{pmatrix} 1 \\ 1 \end{pmatrix}$

■ $\lambda = 0.5$ の固有ベクトル
$\begin{pmatrix} x \\ y \end{pmatrix} = \begin{pmatrix} 1 \\ -1 \end{pmatrix}$

図 6.1

各点 (x, y) に対して，変換されて移された点 (x', y') へ矢印を引いて描いた結果が図 6.1 です．点の動きが「引き伸ばし」と「圧縮」の 2 通りあります．「引き伸ばし」は，直線 $y = x$ に沿って生じており，原点から引き離れていきます．

一方「圧縮」は，直線 $y = -x$ に沿って生じており，原点の方に向かっています．これらより，点 $(1,1)$ は，直線 $y = x$ 上の点であり，また点 $(1,-1)$ は直線 $y = -x$ 上の点であるから

$$\vec{x_1} = \begin{pmatrix} x \\ y \end{pmatrix} = \begin{pmatrix} 1 \\ 1 \end{pmatrix}, \quad \vec{x_2} = \begin{pmatrix} x \\ y \end{pmatrix} = \begin{pmatrix} 1 \\ -1 \end{pmatrix}$$

をそれぞれ行列 A にかけたものは

$$\begin{pmatrix} 1 & \frac{1}{2} \\ \frac{1}{2} & 1 \end{pmatrix} \begin{pmatrix} 1 \\ 1 \end{pmatrix} = \frac{3}{2} \begin{pmatrix} 1 \\ 1 \end{pmatrix}, \quad \begin{pmatrix} 1 & \frac{1}{2} \\ \frac{1}{2} & 1 \end{pmatrix} \begin{pmatrix} 1 \\ -1 \end{pmatrix} = \frac{1}{2} \begin{pmatrix} 1 \\ -1 \end{pmatrix}$$

となり，この行列 A の固有値は，$\frac{3}{2}$ と $\frac{1}{2}$ で，それぞれに属する固有ベクトルは $(1,1)$ と $(1,-1)$ となります．つまり，固有ベクトルとは，「引き伸ばし」と「圧縮」をする方向ベクトルという意味をもち，その「伸縮」の比率が固有値となります．

たとえば，長さが一定なベクトル「原点を中心として半径 1 の円（単位円）」について，単位円上の点が行列 A によって変換された点を調べてみます．

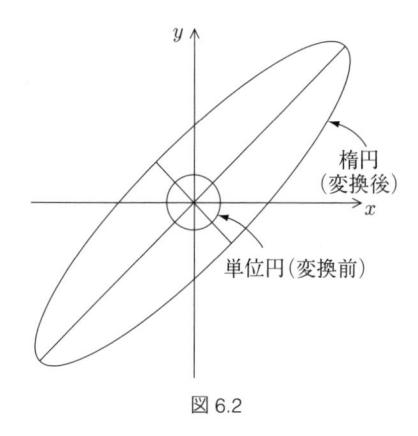

図 6.2

円は楕円に変換され，$(1,1)$ の方向が長軸の方向，すなわち大きい方の固有値 λ の固有ベクトルの方向となり，短軸の方向も同様に，$(1,-1)$ の方向が一番短くなります．その他の円周上の点は，すべての変換後に楕円をつくる点となります（図 6.2）．

6.2　固有値と固有ベクトルの計算

2 次正方行列 $A = \begin{pmatrix} a_{11} & a_{12} \\ a_{21} & a_{22} \end{pmatrix}$ に対して，固有値と固有ベクトルを求めてみましょう．

行列 A に対して

$$A\vec{x} = \lambda\vec{x} \quad (\vec{x} \neq \vec{0})$$

が成り立つとき

$$A\vec{x} - \lambda\vec{x} = \vec{0}$$

から，この式を次のように変形すると，

$$(A - \lambda I)\vec{x} = \vec{0}$$

⬅ I は単位行列

ここで，係数行列 $(A - \lambda I)$ が正則で逆行列 $(A - \lambda I)^{-1}$ が存在したとすると，両辺に左から $(A - \lambda I)^{-1}$ をかけたとき $\vec{x} = \vec{0}$ となり，$\vec{x} \neq \vec{0}$ に矛盾します．したがって

⬅ 変形したとき $(A - \lambda)\vec{x} = \vec{0}$ では $(A - \lambda)$ の式の意味がないので，必ず I を付けて $(A - \lambda I)$ とする．

$$|A - \lambda I| = 0$$

となります．$A - \lambda I$ を求めると

$$A - \lambda I = \begin{pmatrix} a_{11} & a_{12} \\ a_{21} & a_{22} \end{pmatrix} - \lambda \begin{pmatrix} 1 & 0 \\ 0 & 1 \end{pmatrix} = \begin{pmatrix} a_{11} - \lambda & a_{12} \\ a_{21} & a_{22} - \lambda \end{pmatrix}$$

となるから

$$\begin{vmatrix} a_{11} - \lambda & a_{12} \\ a_{21} & a_{22} - \lambda \end{vmatrix} = 0$$

よって

$$\begin{aligned} |A - \lambda I| &= (a_{11} - \lambda)(a_{22} - \lambda) - a_{12}a_{21} \\ &= \lambda^2 - (a_{11} + a_{22})\lambda + (a_{11}a_{22} - a_{12}a_{21}) = 0 \end{aligned}$$

となります．この方程式を行列 A の **固有方程式** (characteristic equation) といい，この固有方程式を解くことにより固有値 λ が得られます．

⬅ 固有値はこの固有方程式の実数解になる．なお，上三角行列や下三角行列の固有値は対角成分そのものになる．

なお，n 次正方行列 $A = (a_{ij})$ に対して $A - \lambda I$ は

$$|A - \lambda I| = \begin{vmatrix} a_{11} - \lambda & a_{12} & \cdots & a_{1n} \\ a_{21} & a_{22} - \lambda & \cdots & a_{2n} \\ \vdots & \vdots & \ddots & \vdots \\ a_{n1} & a_{n2} & \cdots & a_{nn} - \lambda \end{vmatrix}$$

となり，この n 次多項式を行列 A の **固有多項式** (characteristic polynominal) といいます．

また，1つの固有値 λ_1 に対する固有ベクトルは $A - \lambda_1 I$ を係数行列とする同次連立1次方程式 $(A - \lambda_1 I)\vec{x} = \vec{0}$ の $\vec{x} \neq \vec{0}$ になる解を求めることになります．

⬅ 1つの固有値に対する固有ベクトルは無数に存在します．

| 例 | 6.2

行列 $A = \begin{pmatrix} 3 & 2 \\ 2 & 3 \end{pmatrix}$ の固有値と，各固有値に属する固有ベクトルを求

めてみましょう．

行列 A の固有方程式は

$$\begin{vmatrix} 3-\lambda & 2 \\ 2 & 3-\lambda \end{vmatrix} = (3-\lambda)(3-\lambda) - 2\cdot 2 = 0$$

$$\lambda^2 - 6\lambda + 5 = (\lambda - 1)(\lambda - 5) = 0$$

したがって，行列 A の固有値は $\lambda = 1,\ 5$ です．

(I) 固有値 $\lambda = 1$ に対する固有ベクトルは

$$(A - \lambda I)\vec{x} = \vec{0}$$

を満たす $\vec{x}$ を求めることであるから，これを成分で表すと

$$\begin{pmatrix} 2 & 2 \\ 2 & 2 \end{pmatrix} \begin{pmatrix} x \\ y \end{pmatrix} = \begin{pmatrix} 0 \\ 0 \end{pmatrix}$$

となるから

$$\begin{cases} 2x + 2y = 0 \\ y = -x \end{cases}$$

この式を満たす $\begin{pmatrix} x \\ y \end{pmatrix}$ の1つは $\begin{pmatrix} 1 \\ -1 \end{pmatrix}$

よって，固有ベクトルは

$$\begin{pmatrix} x \\ y \end{pmatrix} = \begin{pmatrix} 1 \\ -1 \end{pmatrix} c$$

となります．ただし，c は任意の実数です．

(II) 固有値 $\lambda = 5$ に対する固有ベクトルは (I) の場合と同様にして

$$\begin{pmatrix} -2 & 2 \\ 2 & -2 \end{pmatrix} \begin{pmatrix} x \\ y \end{pmatrix} = \begin{pmatrix} 0 \\ 0 \end{pmatrix}$$

となるから

$$\begin{cases} -2x + 2y = 0 \\ y = x \end{cases}$$

よって，固有ベクトルは

$$\begin{pmatrix} x \\ y \end{pmatrix} = \begin{pmatrix} 1 \\ 1 \end{pmatrix} c$$

となります．ただし，c は任意の実数です．

例 6.3

行列 $A \begin{pmatrix} 1 & 0 & -1 \\ 1 & 2 & 1 \\ 2 & 2 & 3 \end{pmatrix}$ の固有値と，各固有値に属する固有ベクトルを求めてみましょう．

行列 A の固有方程式は

$$\begin{vmatrix} 1-\lambda & 0 & -1 \\ 1 & 2-\lambda & 1 \\ 2 & 2 & 3-\lambda \end{vmatrix} = -\lambda^3 + 6\lambda^2 - 11\lambda + 6 = -(x-3)(x-2)(x-1) = 0$$

この方程式を解くと，行列 A の固有値は $\lambda = 1, 2, 3$ となります．

(I) 固有値 $\lambda = 1$ に対する固有ベクトルは

$$(A - \lambda I)\vec{x} = \vec{0}$$

を満たす $\vec{x}$ を求めることであるから，これを成分で表すと

$$\begin{pmatrix} 0 & 0 & -1 \\ 1 & 1 & 1 \\ 2 & 2 & 2 \end{pmatrix} \begin{pmatrix} x \\ y \\ z \end{pmatrix} = \begin{pmatrix} 0 \\ 0 \\ 0 \end{pmatrix}$$

$$\begin{cases} -z = 0 \\ x + y + z = 0 \\ 2x + 2y + 2z = 0 \end{cases}$$

この式を満たす $\begin{pmatrix} x \\ y \\ z \end{pmatrix}$ の1つは $\begin{pmatrix} 1 \\ -1 \\ 0 \end{pmatrix}$

よって，固有ベクトルは

$$\begin{pmatrix} x \\ y \\ z \end{pmatrix} = \begin{pmatrix} 1 \\ -1 \\ 0 \end{pmatrix} c$$

となります．ただし，c は任意の実数です．

(II) 固有値 $\lambda = 2$ に対する固有ベクトルは，同様にして

$$\begin{pmatrix} x \\ y \\ z \end{pmatrix} = \begin{pmatrix} 2 \\ -1 \\ -2 \end{pmatrix} c$$

となります．ただし，c は任意の実数です．

(III) 固有値 $\lambda = 3$ に対する固有ベクトルは，同様にして

$$\begin{pmatrix} x \\ y \\ z \end{pmatrix} = \begin{pmatrix} 1 \\ -1 \\ -2 \end{pmatrix} c$$

となります．ただし，c は任意の実数です．

問 6.1

次の行列の固有値と，各固有値に属する固有ベクトルを求めてみよう．

1) $\begin{pmatrix} 2 & 4 \\ -1 & -3 \end{pmatrix}$　　2) $\begin{pmatrix} 3 & 1 \\ 2 & 4 \end{pmatrix}$

3) $\begin{pmatrix} 1 & 0 & 2 \\ 0 & 2 & 0 \\ 2 & 0 & 1 \end{pmatrix}$

6.3 対称行列の固有値と固有ベクトルの性質

対称行列の固有値と固有ベクトルのもつ特有な性質について調べてみましょう．

$$A = \begin{pmatrix} 5 & 3 \\ 3 & 5 \end{pmatrix}$$

のように正方行列 A が転置行列 ${}^tA$ に等しくなる行列を**対称行列**（symmetric matrix）といいます．

行列 A の固有方程式は

$$\begin{vmatrix} 5-\lambda & 3 \\ 3 & 5-\lambda \end{vmatrix} = (5-\lambda)(5-\lambda) - 9 = \lambda^2 - 10\lambda + 16 = (\lambda-2)(\lambda-8) = 0$$

この方程式を解くと，行列 A の固有値は $\lambda = 2, 8$ となります．

← このように対称行列の固有値はすべて実数です．

(I) 固有値 $\lambda = 2$ に属する固有ベクトルは

$$(A - \lambda I)\vec{x} = \vec{0}$$

を満たす $\vec{x}$ を求めることであるから，この式を満たす $\vec{x_1} = \begin{pmatrix} x \\ y \end{pmatrix}$

第6章 固有値

の1つは
$$\begin{pmatrix} 1 \\ -1 \end{pmatrix}$$

よって，固有ベクトルは
$$\begin{pmatrix} x \\ y \end{pmatrix} = \begin{pmatrix} 1 \\ -1 \end{pmatrix} c$$

となります．ただし，c は任意の実数です．

(II) 固有値 $\lambda = 8$ に属する固有ベクトルは，同様にして
$$\vec{x_2} = \begin{pmatrix} x \\ y \end{pmatrix} = \begin{pmatrix} 1 \\ 1 \end{pmatrix} c$$

となります．

これらの固有ベクトルにおいて，大きさ1の固有ベクトルは

(I) 固有値 $\lambda = 2$ に属する単位固有ベクトルは
$$\vec{p_1} = \frac{1}{\sqrt{2}} \begin{pmatrix} 1 \\ -1 \end{pmatrix} \quad または \quad \vec{p_1} = -\frac{1}{\sqrt{2}} \begin{pmatrix} 1 \\ -1 \end{pmatrix}$$

⬅ 大きさ1の固有ベクトルを，単位固有ベクトルという．

(II) 固有値 $\lambda = 8$ に属する単位固有ベクトルは，同様にして
$$\vec{p_2} = \frac{1}{\sqrt{2}} \begin{pmatrix} 1 \\ 1 \end{pmatrix} \quad または \quad \vec{p_2} = -\frac{1}{\sqrt{2}} \begin{pmatrix} 1 \\ 1 \end{pmatrix}$$

ここで，固有値 $\lambda = 2$ に属する単位固有ベクトル $\vec{p_1}$ と固有値 $\lambda = 8$ に属する単位固有ベクトル $\vec{p_2}$ の内積を求めると

$$\vec{p_1} \cdot \vec{p_2} = \left(\frac{1}{\sqrt{2}}, -\frac{1}{\sqrt{2}} \right) \begin{pmatrix} \frac{1}{\sqrt{2}} \\ \frac{1}{\sqrt{2}} \end{pmatrix} = \frac{1}{2} - \frac{1}{2} = 0$$

内積は0となり，これらのベクトルが互いに直交することを示しています．したがって，2つのベクトルは次のような**直交行列**（orthogonal matrix）をつくります．

$$\begin{pmatrix} \frac{1}{\sqrt{2}} & \frac{1}{\sqrt{2}} \\ -\frac{1}{\sqrt{2}} & \frac{1}{\sqrt{2}} \end{pmatrix}$$

⬅ 対称行列の異なる固有値に属する固有ベクトルは互いに直交する．

⬅ 正方行列 A の転置行列を ${}^t A$ とすると，$A {}^t A = {}^t A A = I$ を満たすとき，A を直交行列という．行列を列ベクトルの並びとみなしたとき，直交行列であるためには各列ベクトルの大きさは1でなければならない．

6.3 対称行列の固有値と固有ベクトルの性質

次に，3次対称行列 $A = \begin{pmatrix} 2 & 0 & 2 \\ 0 & 1 & 0 \\ 2 & 0 & -1 \end{pmatrix}$ の固有値と固有ベクトルを求めてみましょう．

行列 A の固有方程式は

$$\begin{vmatrix} 2-\lambda & 0 & 2 \\ 0 & 1-\lambda & 0 \\ 2 & 0 & -1-\lambda \end{vmatrix} = (2-\lambda)\begin{vmatrix} 1-\lambda & 0 \\ 0 & -1-\lambda \end{vmatrix} + 2\begin{vmatrix} 0 & 1-\lambda \\ 2 & 0 \end{vmatrix} = 0$$

$$(2-\lambda)(1-\lambda)(-1-\lambda)) + 2(-2(1-\lambda)) = 0$$

$$(1-\lambda)(\lambda-3)(\lambda+2) = 0$$

この方程式を解くと，行列 A の固有値は $\lambda = 1, 3, -2$ となります．

(I) 固有値 $\lambda = 1$ に属する固有ベクトルは

$$\begin{pmatrix} x \\ y \\ z \end{pmatrix} = \begin{pmatrix} 0 \\ 1 \\ 0 \end{pmatrix} c_1$$

(II) 固有値 $\lambda = 3$ に属する固有ベクトルは

$$\begin{pmatrix} x \\ y \\ z \end{pmatrix} = \begin{pmatrix} 2 \\ 0 \\ 1 \end{pmatrix} c_2$$

(III) 固有値 $\lambda = -2$ に属する固有ベクトルは

$$\begin{pmatrix} x \\ y \\ z \end{pmatrix} = \begin{pmatrix} 1 \\ 0 \\ -2 \end{pmatrix} c_3$$

ただし，c_1, c_2, c_3 は任意の実数です．

(I) 固有値 $\lambda = 1$ に属する単位固有ベクトルは

$$\vec{p_1} = \begin{pmatrix} 0 \\ 1 \\ 0 \end{pmatrix} \quad \text{または} \quad \vec{p_1} = -\begin{pmatrix} 0 \\ 1 \\ 0 \end{pmatrix}$$

(II) 固有値 $\lambda = 3$ に属する単位固有ベクトルは

$$\vec{p_2} = \frac{1}{\sqrt{5}}\begin{pmatrix} 2 \\ 0 \\ 1 \end{pmatrix} \quad \text{または} \quad \vec{p_2} = -\frac{1}{\sqrt{5}}\begin{pmatrix} 2 \\ 0 \\ 1 \end{pmatrix}$$

(III) 固有値 $\lambda = -2$ に属する単位固有ベクトルは

$$\vec{p_3} = \frac{1}{\sqrt{5}} \begin{pmatrix} 1 \\ 0 \\ -2 \end{pmatrix} \quad \text{または} \quad \vec{p_3} = -\frac{1}{\sqrt{5}} \begin{pmatrix} 1 \\ 0 \\ -2 \end{pmatrix}$$

ここで，異なる単位固有ベクトル同士の内積を求めると

$$\vec{p_1} \cdot \vec{p_2} = \begin{pmatrix} 0 & 1 & 0 \end{pmatrix} \frac{1}{\sqrt{5}} \begin{pmatrix} 2 \\ 0 \\ 1 \end{pmatrix} = 0$$

$$\vec{p_2} \cdot \vec{p_3} = \frac{1}{\sqrt{5}} \begin{pmatrix} 2 & 0 & 1 \end{pmatrix} \frac{1}{\sqrt{5}} \begin{pmatrix} 1 \\ 0 \\ -2 \end{pmatrix} = 0$$

$$\vec{p_1} \cdot \vec{p_3} = \begin{pmatrix} 0 & 1 & 0 \end{pmatrix} \frac{1}{\sqrt{5}} \begin{pmatrix} 1 \\ 0 \\ -2 \end{pmatrix} = 0$$

内積はすべて 0 となり，異なる固有値に属する固有ベクトルは直交することがわかります．したがって，2 つのベクトルは次のような直交行列をつくります．

$$\begin{pmatrix} 0 & \frac{2}{\sqrt{5}} & \frac{1}{\sqrt{5}} \\ 1 & 0 & 0 \\ 0 & \frac{1}{\sqrt{5}} & -\frac{2}{\sqrt{5}} \end{pmatrix}$$

問 6.2

次の行列の固有値と固有ベクトルを求めてみよう．さらに，それぞれの単位固有ベクトルを求めて，これらが直交することを調べてみよう．

1) $A = \begin{pmatrix} 1 & -2 \\ -2 & 4 \end{pmatrix}$ 2) $A = \begin{pmatrix} 1 & 0.8 \\ 0.8 & 1 \end{pmatrix}$

問 6.3

次の対称行列の固有値とそれに属する固有ベクトルを求めてみよう．

1) $\begin{pmatrix} 1 & 2 \\ 2 & -2 \end{pmatrix}$ 2) $\begin{pmatrix} 2 & 1 & 1 \\ 1 & 2 & -1 \\ 1 & -1 & 0 \end{pmatrix}$

3) $\begin{pmatrix} 3 & 1 & 1 \\ 1 & 2 & 0 \\ 1 & 0 & 2 \end{pmatrix}$

6.4 行列の対角化

正方行列 (a_{ij}) で，$a_{ij} = 0 \ (i \neq j)$ であるものを**対角行列**（diagonal matrix）といいます．すなわち

$$\begin{pmatrix} a_{11} & 0 & \ldots & 0 \\ 0 & a_{22} & \ldots & 0 \\ \vdots & \vdots & \ddots & \vdots \\ 0 & 0 & \ldots & a_{nn} \end{pmatrix}$$

ある行列 P を用いて行列 A を対角行列に変形することを「行列 A を対角化する」といいます．

6.4.1 正則行列による対角化

正方行列 $A = a_{ij}$ に対して，適当な正則行列 P を選び，積 $P^{-1}AP$ を対角行列にしてみましょう．

例 6.4

行列 $A = \begin{pmatrix} 1 & 1 \\ 5 & -3 \end{pmatrix}$ を適当な正則行列によって，対角化してみましょう．

まず，行列 A の固有値を求めます．固有方程式は

$$\begin{vmatrix} 1-\lambda & 1 \\ 5 & -3-\lambda \end{vmatrix} = (1-\lambda)(-3-\lambda) - 5 = \lambda^2 + 2\lambda - 8 = (\lambda - 2)(\lambda + 4) = 0$$

となるから，固有値は

$$\lambda_1 = 2, \quad \lambda_2 = -4$$

それぞれの固有値に属する固有ベクトルは

$$(A - \lambda I)\vec{x} = \vec{0}$$

を満たす $\vec{x}$ を求めることであるから

(I) 固有値 $\lambda_1 = 2$ に対する固有ベクトルは

$$\left\{\begin{pmatrix} 1 & 1 \\ 5 & -3 \end{pmatrix} - 2\begin{pmatrix} 1 & 0 \\ 0 & 1 \end{pmatrix}\right\}\begin{pmatrix} x \\ y \end{pmatrix} = \begin{pmatrix} 0 \\ 0 \end{pmatrix}$$

から，連立方程式

$$\begin{cases} -x + y = 0 \\ 5x - 5y = 0 \end{cases}$$

を解いて

$$\vec{p}_1 = c_1 \begin{pmatrix} 1 \\ 1 \end{pmatrix}$$

となります．

(II) 固有値 $\lambda_2 = -4$ に対する固有ベクトルは連立方程式

$$\begin{cases} 5x + y = 0 \\ 5x + y = 0 \end{cases}$$

を解いて

$$\vec{p}_2 = c_2 \begin{pmatrix} 1 \\ -5 \end{pmatrix}$$

ただし，c_1, c_2 は任意の実数です．

ここで，$c_1 = c_2 = 1$ とすると

正則行列 $P = \begin{pmatrix} 1 & 1 \\ 1 & -5 \end{pmatrix}$

が得られる．逆行列 P^{-1} は

$$P^{-1} = -\frac{1}{6}\begin{pmatrix} -5 & -1 \\ -1 & 1 \end{pmatrix}$$

したがって

$$P^{-1}AP = -\frac{1}{6}\begin{pmatrix} -5 & -1 \\ -1 & 1 \end{pmatrix}\begin{pmatrix} 1 & 1 \\ 5 & -3 \end{pmatrix}\begin{pmatrix} 1 & 1 \\ 1 & -5 \end{pmatrix}$$

$$= -\frac{1}{6}\begin{pmatrix} -12 & 0 \\ 0 & 24 \end{pmatrix} = \begin{pmatrix} 2 & 0 \\ 0 & -4 \end{pmatrix}$$

このように，行列 A は正則行列 P によって対角化されます．

⬅ 固有ベクトルのなかで係数が 0 以外の簡単なものを選んだ．

⬅ $A = \begin{pmatrix} 1 & 1 \\ 5 & -3 \end{pmatrix}$ のトレースは $\mathrm{tr}(A) = -2$ となる．行列 A を対角化すると

$$P^{-1}AP = \begin{pmatrix} 2 & 0 \\ 0 & -4 \end{pmatrix}$$

となり，トレースは $\mathrm{tr}(A) = -2$ で，対角化してもトレースは変わらない．

例 6.5

3次の正方行列 $A = \begin{pmatrix} 1 & 2 & -2 \\ 3 & -5 & 3 \\ 3 & 0 & -2 \end{pmatrix}$ を適当な正則行列によって, 対角化してみましょう.

固有方程式は

$$\begin{vmatrix} 1-\lambda & 2 & -2 \\ 3 & -5-\lambda & 3 \\ 3 & 0 & -2-\lambda \end{vmatrix} = -(\lambda-1)(\lambda+2)(\lambda+5) = 0$$

となるから, 固有値は

$$\lambda_1 = 1, \quad \lambda_2 = -2, \quad \lambda_3 = -5$$

となる. それぞれの固有値に属する固有ベクトルは

$$(A - \lambda I)\vec{x} = \vec{0}$$

を満たす $\vec{x}$ を求めることであるから

(I) 固有値 $\lambda_1 = 1$ に対する固有ベクトルは

$$\vec{p}_1 = \begin{pmatrix} 1 \\ 1 \\ 1 \end{pmatrix} c_1$$

(II) 固有値 $\lambda_2 = -2$ に対する固有ベクトルは

$$\vec{p}_2 = \begin{pmatrix} 0 \\ 1 \\ 1 \end{pmatrix} c_2$$

(III) 固有値 $\lambda_3 = -5$ に対する固有ベクトルは

$$\vec{p}_3 = \begin{pmatrix} -1 \\ 4 \\ 1 \end{pmatrix} c_3$$

ただし, c_1, c_2, c_3 は任意の実数です.

ここで, $c_1 = c_2 = c_3 = 1$ とすると

$$\text{正則行列 } P = \begin{pmatrix} 1 & 0 & -1 \\ 1 & 1 & 4 \\ 1 & 1 & 1 \end{pmatrix}$$

したがって

$$P^{-1}AP = \begin{pmatrix} 1 & 0 & 0 \\ 0 & -2 & 0 \\ 0 & 0 & -5 \end{pmatrix}$$

このように，行列 A は正則行列 P によって対角化されます．

問 6.4

次の行列を正則行列 P を求めて，対角化してみよう．

1) $\begin{pmatrix} 2 & 5 \\ 1 & -2 \end{pmatrix}$ 　　 2) $\begin{pmatrix} 7 & 6 \\ -5 & -6 \end{pmatrix}$

3) $\begin{pmatrix} 2 & 2 & 1 \\ 1 & 3 & 1 \\ 1 & 2 & 2 \end{pmatrix}$ 　　 4) $\begin{pmatrix} -4 & 11 & 5 \\ 0 & 3 & 1 \\ -8 & 13 & 7 \end{pmatrix}$

6.4.2　対称行列の直交行列による対角化

正方行列 A の転置行列 ${}^tA$ が A の逆行列 A^{-1} であるとき

$${}^tA = A^{-1}$$

すなわち

$${}^tAA = A\,{}^tA = I$$

という関係を満たすならば，この正方行列 A は**直交行列**（orthogonal matrix）であるという．直交行列の行列式の値は $|A| = \pm 1$ であり，したがって直交行列はつねに正則行列です．なお，直交行列の各列ベクトルは互いに直交しています．

ここで，対称行列 A の直交行列 U による対角化を考えてみましょう．対称行列 A の固有値はすべて実数で，異なる固有値に属する固有ベクトルは互いに垂直になります．3次の対称行列 A の固有値を重複する場合も含めて，$\lambda_1, \lambda_2, \lambda_3$ とし，それぞれの固有値に属する固有ベクトルを正規化した単位固有ベクトルを $\vec{r_1}, \vec{r_2}, \vec{r_3}$ とします．

　　行列 $U = (\vec{r_1}, \vec{r_2}, \vec{r_3})$

は直交行列であり，対称行列 A は行列 U によって次のように対角化されます．

← 直交行列 (U) は列ベクトルがすべて大きさ 1 で直交する正方行列である．
${}^tUU = I$　　$U^{-1} = {}^tU$

← もちろん単位行列も直交行列です．

$$U^{-1}AU = {}^tUAU = \begin{pmatrix} \lambda_1 & 0 & 0 \\ 0 & \lambda_2 & 0 \\ 0 & 0 & \lambda_3 \end{pmatrix}$$

このように対称行列は，正方行列を直交行列 U にできれば対角化できます．

次に直交していないベクトルを互いに直交化する方法を考えてみましょう．

6.4.3 正規直交行列

直交していないベクトルを互いに直交化し，かつ，大きさが 1 のベクトルをつくり，この得られたベクトルを並べて行列とした**正規直交行列**（normalized orthogonal matrix）を求めてみましょう．

まず，直交していない 1 次独立な 2 つのベクトル $\vec{a}$ と $\vec{b}$ をもとに，互いに直交し，かつ大きさが 1 のベクトルの組 $(\vec{u_1}, \vec{u_2})$ をつくってみましょう．

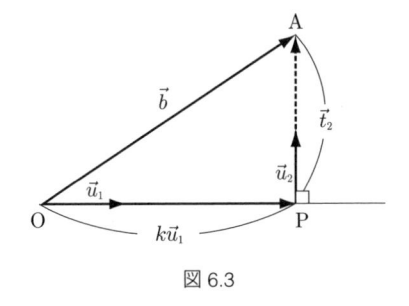

◐ 大きさが 1 のベクトルにすることを正規化するという．

図 6.3

① ベクトル $\vec{a}$ に対して，大きさが 1 のベクトル $\vec{u_1}$ は $\vec{t_1} = \vec{a}$ とすると
$$\vec{u_1} = \frac{1}{|\vec{t_1}|}\vec{t_1}$$

② ベクトル $\vec{b}$ と①で得られた $\vec{u_1}$ をもとに，ベクトル $\vec{b}$ に対して大きさ 1 のベクトル $\vec{u_2}$ をつくります．図 6.3 において，$\overrightarrow{OA} = \vec{b}$, $\vec{b}$ の $\vec{u_1}$ への正射影の長さを $k\vec{u_1}$ とすると，$\overrightarrow{PA} = \overrightarrow{OA} - \overrightarrow{OP}$ となりますから
$$\vec{t_2} = \vec{b} - k\vec{u_1}$$

さらに，$\overrightarrow{OP} \perp \vec{t_2}$ であるから，内積 $\vec{t_2} \cdot \vec{u_1}$ は 0 になります．すなわち
$$(\vec{t_2} \cdot \vec{u_1}) = (\vec{b} - k\vec{u_1})\vec{u_1} = (\vec{b} \cdot \vec{u_1}) - k(\vec{u_1}\vec{u_1})$$
$$= (\vec{b} \cdot \vec{u_1}) - k(|\vec{u_1}|^2) = (\vec{b} \cdot \vec{u_1}) - k \cdot 1 = 0$$

これより

$$k = (\vec{b} \cdot \vec{u_1})$$

よって $\vec{t_2} = \vec{b} - (\vec{b} \cdot \vec{u_1})\vec{u_1}$ が得られます．これを正規化すると

$$\vec{u_2} = \frac{1}{|\vec{t_2}|}\vec{t_2}$$

となります．

このようにしてベクトルを直交化する方法をシュミットの**正規直交化法**（Schmidt's orthogonalization method）または**グラム・シュミット**（Gram-Schmidt）の正規直交化法といいます．

例　6.6

次のベクトル $\vec{a}, \vec{b}$ を直交化し，正規直交行列 A をつくってみましょう．

$$\vec{a} = \begin{pmatrix} 1 \\ -2 \end{pmatrix}, \quad \vec{b} = \begin{pmatrix} -2 \\ 1 \end{pmatrix}$$

まず，ベクトル $\vec{a}$ を正規化し，これを $\vec{u_1}$ とおきます．

$$\vec{u_1} = \frac{1}{\sqrt{5}} \begin{pmatrix} 1 \\ -2 \end{pmatrix}$$

次に $\vec{b}$ を正規化し，$\vec{u_2}$ とおきます．

$$\vec{t_2} = \vec{b} - (\vec{b} \cdot \vec{u_1})\vec{u_1}$$
$$= \begin{pmatrix} -2 \\ 1 \end{pmatrix} - \left[(-2, 1) \frac{1}{\sqrt{5}} \begin{pmatrix} 1 \\ -2 \end{pmatrix} \right] \frac{1}{\sqrt{5}} \begin{pmatrix} 1 \\ -2 \end{pmatrix} = \begin{pmatrix} \frac{6}{5} \\ \frac{3}{5} \end{pmatrix}$$

$$\vec{u_2} = \frac{1}{|\vec{t_2}|}\vec{t_2} = \frac{1}{\sqrt{5}} \begin{pmatrix} 2 \\ 1 \end{pmatrix}$$

よって，直交行列 U は

$$U = \begin{pmatrix} \frac{1}{\sqrt{5}} & \frac{2}{\sqrt{5}} \\ -\frac{2}{\sqrt{5}} & \frac{1}{\sqrt{5}} \end{pmatrix}$$

例　6.7

次のベクトル $\vec{a}, \vec{b}, \vec{c}$ を直交化し，正規直交行列 U をつくってみましょう．

6.4 行列の対角化

$$\vec{a} = \begin{pmatrix} 1 \\ -1 \\ -2 \end{pmatrix} \quad \vec{b} = \begin{pmatrix} 1 \\ -1 \\ 1 \end{pmatrix} \quad \vec{c} = \begin{pmatrix} 1 \\ 1 \\ 0 \end{pmatrix}$$

1) $\vec{u_1}$ を求める.

$$\vec{u_1} = \frac{1}{\sqrt{6}} \begin{pmatrix} 1 \\ -1 \\ -2 \end{pmatrix}$$

2) $\vec{u_2}$ を求める.

$$\vec{t_2} = \vec{a_2} - [\vec{a_2}' \cdot \vec{u_1}] \cdot \vec{u_1}$$

$$= \begin{pmatrix} 1 \\ -1 \\ 1 \end{pmatrix} - \left[\begin{pmatrix} 1 & -1 & 1 \end{pmatrix} \frac{1}{\sqrt{6}} \begin{pmatrix} 1 \\ -1 \\ -2 \end{pmatrix} \right] \frac{1}{\sqrt{6}} \begin{pmatrix} 1 \\ -1 \\ -2 \end{pmatrix}$$

$$= \begin{pmatrix} 1 \\ -1 \\ 1 \end{pmatrix}$$

$$\vec{u_2} = \frac{1}{\sqrt{3}} \begin{pmatrix} 1 \\ -1 \\ 1 \end{pmatrix}$$

3) $\vec{u_3}$ を求める.

$$\vec{t_3} = \vec{a_3} - [\vec{a_3}' \cdot \vec{u_1}] \cdot \vec{u_1} - [\vec{a_3}' \cdot \vec{u_2}] \cdot \vec{u_2}$$

$$= \begin{pmatrix} 1 \\ 1 \\ 0 \end{pmatrix} - \left[\begin{pmatrix} 1 & 1 & 0 \end{pmatrix} \frac{1}{\sqrt{6}} \begin{pmatrix} 1 \\ -1 \\ -2 \end{pmatrix} \right] \frac{1}{\sqrt{6}} \begin{pmatrix} 1 \\ -1 \\ -21 \end{pmatrix}$$

$$- \left[\begin{pmatrix} 1 & 1 & 0 \end{pmatrix} \frac{1}{\sqrt{3}} \begin{pmatrix} 1 \\ -1 \\ 1 \end{pmatrix} \right] \frac{1}{\sqrt{3}} \begin{pmatrix} 1 \\ -1 \\ 1 \end{pmatrix} = \begin{pmatrix} 1 \\ 1 \\ 0 \end{pmatrix}$$

$$\vec{u_3} = \frac{1}{\sqrt{2}} \begin{pmatrix} 1 \\ 1 \\ 0 \end{pmatrix}$$

◐ 正規化されたベクトル $\vec{u_1}$, $\vec{u_2}$ をつくり,$k_1\vec{u_1}+k_2\vec{u_2}$ に垂線を下ろし,$\vec{u_2}$ の場合と同様に考える.

$\vec{t_3} = \overrightarrow{PA} = \overrightarrow{OA} - \overrightarrow{OP}$

ここで $\overrightarrow{OP} = k_1\vec{u_1} + k_2\vec{u_2}$ より $\vec{t_3} = \vec{c} - (k_1\vec{u_1} + k_2\vec{u_2})$
$\vec{t_3}$ は $\vec{u_1}, \vec{u_2}$ とそれぞれ垂直であることから

$k_1 = \vec{u_1} \cdot \vec{c}, \quad k_2 = \vec{u_2} \cdot \vec{c}$

よって

$\vec{t_3} = \vec{c} - (\vec{c} \cdot \vec{u_1})\vec{u_1} - (\vec{c} \cdot \vec{u_2})\vec{u_2}$

正規化して

$\vec{u_3} = \frac{1}{|\vec{t_3}|} \vec{t_3}$

- 直交行列：$\begin{pmatrix} \dfrac{1}{\sqrt{6}} & \dfrac{1}{\sqrt{3}} & \dfrac{1}{\sqrt{2}} \\ \dfrac{-1}{\sqrt{6}} & \dfrac{-1}{\sqrt{3}} & \dfrac{1}{\sqrt{2}} \\ \dfrac{-2}{\sqrt{6}} & \dfrac{1}{\sqrt{3}} & 0 \end{pmatrix}$

6.5 対角化と行列の n 乗

2次の行列 A の固有値を λ_1, λ_2 とし，固有値 λ_1 に対する固有ベクトルを $\vec{x_1}$，固有値 λ_2 に対する固有ベクトルを $\vec{x_2}$ とすると

$$\begin{cases} A\vec{x_1} = \lambda_1 \vec{x} \\ A\vec{x_2} = \lambda_2 \vec{x} \end{cases}$$

であるから

$$A(\vec{x_1}, \vec{x_2}) = (\lambda_1 \vec{x_1}, \lambda_2 \vec{x_2}) = (\vec{x_1}, \vec{x_2}) \begin{pmatrix} \lambda_1 & 0 \\ 0 & \lambda_2 \end{pmatrix}$$

ここで $P = (\vec{x_1}, \vec{x_2})$ とおくと

$$AP = P \begin{pmatrix} \lambda_1 & 0 \\ 0 & \lambda_2 \end{pmatrix}$$

ここで両辺の左から逆行列 P^{-1} をかけて整理すると

$$P^{-1}AP = P^{-1}P \begin{pmatrix} \lambda_1 & 0 \\ 0 & \lambda_2 \end{pmatrix}$$

より

$$P^{-1}AP = \begin{pmatrix} \lambda_1 & 0 \\ 0 & \lambda_2 \end{pmatrix}$$

となり，対角化できます．ここで

$$(P^{-1}AP)(P^{-1}AP) = P^{-1}A(PP^{-1})AP = P^{-1}A^2 P$$

同様にして

$$(P^{-1}AP)(P^{-1}AP)(P^{-1}AP) = P^{-1}A(PP^{-1})A(PP^{-1})AP = P^{-1}A^3 P$$

$$(P^{-1}AP)(P^{-1}AP)(P^{-1}AP)(P^{-1}AP) = P^{-1}A(PP^{-1})A(PP^{-1})A(PP^{-1})AP$$
$$= P^{-1}A^4 P$$

であるから

$$(P^{-1}AP)^n = P^{-1}A^n P$$

したがって

$$P^{-1}A^n P = \begin{pmatrix} \lambda_1{}^n & 0 \\ 0 & \lambda_2{}^n \end{pmatrix}$$

A^n の値は，両辺の左から P を，右から P^{-1} をかけることで得られます．

$$P(P^{-1}A^n P)P^{-1} = P \begin{pmatrix} \lambda_1{}^n & 0 \\ 0 & \lambda_2{}^n \end{pmatrix} P^{-1}$$

ゆえに

$$A^n = P \begin{pmatrix} \lambda_1{}^n & 0 \\ 0 & \lambda_2{}^n \end{pmatrix} P^{-1}$$

例　6.8

$A = \begin{pmatrix} 6 & -3 \\ 4 & -1 \end{pmatrix}$, $P = \begin{pmatrix} 3 & 1 \\ 4 & 1 \end{pmatrix}$ のとき $P^{-1}AP$ を計算し，A^n を求めてみましょう．

1) $P^{-1}AP$ の計算

P の逆行列 P^{-1} は

$$P^{-1} = \begin{pmatrix} -1 & 1 \\ 4 & -3 \end{pmatrix}$$

より

$$P^{-1}AP = \begin{pmatrix} -1 & 1 \\ 4 & -3 \end{pmatrix} \cdot \begin{pmatrix} 6 & -3 \\ 4 & -1 \end{pmatrix} \cdot \begin{pmatrix} 3 & 1 \\ 4 & 1 \end{pmatrix} = \begin{pmatrix} 2 & 0 \\ 0 & 3 \end{pmatrix}$$

2) A^n の値

$$P^{-1}A^n P = \begin{pmatrix} 2^n & 0 \\ 0 & 3^n \end{pmatrix} \text{より}$$

$$A^n = \begin{pmatrix} 3 & 1 \\ 4 & 1 \end{pmatrix} \begin{pmatrix} 2^n & 0 \\ 0 & 3^n \end{pmatrix} \begin{pmatrix} -1 & 1 \\ 4 & -3 \end{pmatrix}$$

$$= \begin{pmatrix} 3 \cdot 2^n & 3^n \\ 4 \cdot 2^n & 3^n \end{pmatrix} \begin{pmatrix} -1 & 1 \\ 4 & -3 \end{pmatrix}$$

$$= \begin{pmatrix} -3 \cdot 2^n + 4 \cdot 3^n & 3 \cdot 2^n - 3 \cdot 3^n \\ -4 \cdot 2^n + 4 \cdot 3^n & 4 \cdot 2^n - 3 \cdot 3^n \end{pmatrix}$$

↩ $A = \begin{pmatrix} 6 & -3 \\ 4 & -1 \end{pmatrix}$ の固有値 λ は，$A\vec{x}=\lambda\vec{x}$ が $(A-\lambda)\vec{x}=\vec{0}$ より

行列式 $\begin{vmatrix} 6-\lambda & -3 \\ 4 & -1-\lambda \end{vmatrix} = 0$

よって，$\lambda = 2, 3$

| 例 | 6.9

$A = \begin{pmatrix} 6 & 6 \\ -2 & -1 \end{pmatrix}$ の A^n を求めてみましょう．

1) 固有値 λ を求める．

$$\text{行列式} \begin{vmatrix} 6-\lambda & 6 \\ -2 & -1-\lambda \end{vmatrix} = 0$$

より

$$(6-\lambda)(-1-\lambda) - 6 \cdot (-2) = 0 \quad \lambda^2 - 5\lambda + 6 = 0$$
$$(\lambda - 3)(\lambda - 2) = 0$$

よって，$\lambda = 2, 3$

2) 固有ベクトルを求める．
$A\vec{x} = \lambda\vec{x}$ を用いて

■ $\lambda_1 = 2$ に属する固有ベクトルは

$$\begin{pmatrix} 6 & 6 \\ -2 & -1 \end{pmatrix} \begin{pmatrix} x \\ y \end{pmatrix} = 2 \begin{pmatrix} x \\ y \end{pmatrix} \text{ より } \begin{pmatrix} x \\ y \end{pmatrix} = \begin{pmatrix} 3 \\ -2 \end{pmatrix}$$

■ $\lambda_2 = 3$ に属する固有ベクトルは

$$\begin{pmatrix} x \\ y \end{pmatrix} = \begin{pmatrix} 2 \\ -1 \end{pmatrix}$$

ここで

$$P = \begin{pmatrix} 3 & 2 \\ -2 & -1 \end{pmatrix}$$

とおく．

3) $P^{-1}AP$ を求める．

$$P^{-1} = \begin{pmatrix} -1 & -2 \\ 2 & 3 \end{pmatrix}$$

を用いて

$$P^{-1}AP = \begin{pmatrix} \lambda_1 & 0 \\ 0 & \lambda_2 \end{pmatrix} = \begin{pmatrix} 2 & 0 \\ 0 & 3 \end{pmatrix}$$

したがって

$$P^{-1}A^n P = \begin{pmatrix} 2^n & 0 \\ 0 & 3^n \end{pmatrix}$$

4) A^n の値を求める．

両辺に左から P, 右から P^{-1} をかけて

$$P(P^{-1}A^n P)P^{-1} = A^n = \begin{pmatrix} 3 & 2 \\ -2 & -1 \end{pmatrix} \begin{pmatrix} 2^n & 0 \\ 0 & 3^n \end{pmatrix} \begin{pmatrix} -1 & -2 \\ 2 & 3 \end{pmatrix}$$

より

$$A^n = \begin{pmatrix} -3 \cdot 2^n + 4 \cdot 3^n & -3 \cdot 2^{n+1} + 2 \cdot 3^{n+1} \\ 2^{n+1} - 2 \cdot 3^n & 2^{n+2} - 3^{n+1} \end{pmatrix}$$

問 6.5

次の行列 A について，A^n を求めてみよう．

1) $A = \begin{pmatrix} 4 & 2 \\ 1 & 3 \end{pmatrix}$ 2) $A = \begin{pmatrix} 0.8 & 0.2 \\ 0.2 & 0.8 \end{pmatrix}$

練習問題

1. 次の行列 A の固有値と各固有値に属する固有ベクトルを求めなさい.

(1) $\begin{pmatrix} 3 & -4 \\ 1 & -2 \end{pmatrix}$ (2) $\begin{pmatrix} 5 & -3 \\ 6 & -4 \end{pmatrix}$

2. 次の行列 A の固有値と各固有値に属する固有ベクトルを求めなさい.

(1) $\begin{pmatrix} 4 & 1 & -4 \\ 3 & 4 & -6 \\ 2 & 1 & -2 \end{pmatrix}$ (2) $\begin{pmatrix} 0 & 1 & 1 \\ 2 & 1 & -1 \\ 2 & 0 & 0 \end{pmatrix}$

3. 行列 $A = \begin{pmatrix} 2 & 1 & 1 \\ 1 & 2 & -1 \\ 1 & 1 & 2 \end{pmatrix}$ の固有値と各固有値に属する固有ベクトルの作る正則行列 P を求めて, 対角行列 $(P^{-1}AP)$ を作りなさい.

4. 次の対称行列について, 直交行列 U をつくり対角化 $({}^tUAU)$ しなさい.

(1) $\begin{pmatrix} 2 & 2 \\ 2 & -1 \end{pmatrix}$ (2) $\begin{pmatrix} 2 & 1 \\ 1 & 2 \end{pmatrix}$

5. 次の対称行列について, 直交行列 U をつくり対角化 $({}^tUAU)$ しなさい.

(1) $\begin{pmatrix} 1 & -2 & 0 \\ -2 & 2 & -2 \\ 0 & -2 & 3 \end{pmatrix}$ (2) $\begin{pmatrix} 2 & 1 & 1 \\ 1 & 2 & -1 \\ 1 & -1 & 0 \end{pmatrix}$

6. 次の行列 A の n 乗を求めなさい.

(1) $\begin{pmatrix} \frac{3}{5} & \frac{2}{5} \\ \frac{1}{5} & \frac{4}{5} \end{pmatrix}$ (2) $\begin{pmatrix} -1 & 4 & -2 \\ -3 & 4 & 0 \\ -3 & 1 & 3 \end{pmatrix}$

問の解答

問 1.1

$\vec{x} = \vec{a} - 2\vec{b}, \quad \vec{y} = \vec{a} - 3\vec{b}$

問 1.2

1) $\vec{a} + 2\vec{b} - \vec{c} = (16, -4, -6)$
2) $3\vec{a} - \vec{b} - \vec{c} = (10, -20, 31)$

問 1.3

$5(\vec{a} + 3\vec{b}) - 3(\vec{a} + 4\vec{b}) = (0, 7)$
大きさは，$|2\vec{a} + 3\vec{b}| = \sqrt{0 + 7^2} = 7$

問 1.4

$3\vec{a} - 2\vec{b} - \vec{c} = (4, 6)$
大きさは，$|3\vec{a} - 2\vec{b} - \vec{c}| = 2\sqrt{13}$

問 1.5

$-3\vec{a} - (\vec{c} - \vec{b}) = (4, 1, -11)$
大きさは

$$|-3\vec{a} - (\vec{c} - \vec{b})| = \sqrt{4^2 + 1^2 + (-11)^2} = \sqrt{138}$$

問 1.6

1) 3 つのベクトルを $\vec{a_1}, \vec{a_2}, \vec{a_3}$ とおくとき，1 次関係式 $k_1\vec{a_1} + k_2\vec{a_2} + k_3\vec{a_1} = \vec{0}$ が成り立つことと，連立 1 次方程式

$$\begin{cases} k_1 + k_2 + 5k_3 = 0 \\ -k_1 + 3k_2 + 3k_3 = 0 \\ -5k_2 - 2k_3 = 0 \end{cases}$$

を満たすこととは同等な条件である．
この連立 1 次方程式の解は $k_1 = -3k_3, k_2 = -2k_3$ となり，たとえば $k_3 = 1$ とおくと $k_1 = -3, k_2 = -2$, すなわち，$-3\vec{a_1} - 2\vec{a_2} + \vec{a_3} = \vec{0}$ が成り立つ．

よって，$(\vec{a_1}, \vec{a_2}, \vec{a_3})$ は 1 次従属．

2) 連立 1 次方程式

$$\begin{cases} 6k_1 + 0k_2 + 0k_3 = 0 \\ 2k_1 + 5k_2 + 0k_3 = 0 \\ 3k_1 - 3k_2 + 7k_3 = 0 \end{cases}$$

より $k_1 = 0, k_2 = 0, k_3 = 0$ のときに限り成り立つ．
したがって，1 次従属．

問 1.7

1) $(\vec{a} + \vec{b}) \cdot (\vec{a} + \vec{b}) = 23$
2) $(\vec{a} + 3\vec{b}) \cdot (2\vec{a} - \vec{b}) = 6$
3) $|3\vec{a} - \vec{b}|^2 = (3\vec{a} - \vec{b}) \cdot (3\vec{a} - \vec{b}) = 15$

問 1.8

- $|2\vec{a} - \vec{b}| = 2\sqrt{13}$ より，$|2\vec{a} - \vec{b}|^2 = (2\sqrt{13})^2$
  $(2\vec{a} - \vec{b}) \cdot (2\vec{a} - \vec{b}) = 52$
  展開して整理すると
  $4|\vec{a}|^2 - 4\vec{a} \cdot \vec{b} + |\vec{b}|^2 = 52$
  ここで，$|\vec{a}| = 3, |\vec{b}| = 8$ を代入すると
  $4 \cdot 3^2 - 4\vec{a} \cdot \vec{b} + 8^2 = 52$
  $4\vec{a} \cdot \vec{b} = 48$
  $\therefore \quad \vec{a} \cdot \vec{b} = 12$

- $\cos\theta = \dfrac{\vec{a} \cdot \vec{b}}{|\vec{a}||\vec{b}|} = \dfrac{12}{3 \cdot 8} = \dfrac{1}{2}$
  $0° \leq \theta \leq 180°$ から
  $\theta = 60°$

- $|\vec{a} + 2\vec{b}|^2 = (\vec{a} + 2\vec{b}) \cdot (\vec{a} + 2\vec{b})$
  $= |\vec{a}|^2 + 4\vec{a} \cdot \vec{b} + 4|\vec{b}|^2$
  $= 3^2 + 4 \cdot 12 + 4 \cdot 8^2$
  $= 9 + 48 + 256 = 313$

  ここで $|\vec{a} + 2\vec{b}| \geq 0$ であるから
  $|\vec{a} + 2\vec{b}| = \sqrt{313}$

問 1.9

$m = -6, \quad n = 3$

問 1.10

$\vec{a} \times \vec{b} = (-2, -7, 5)$

問 2.1

1) $\begin{pmatrix} 3 & 8 & 7 \\ 7 & 3 & 3 \end{pmatrix}$

2) $\begin{pmatrix} 1 & 2 & 1 \\ 12 & -8 & 7 \end{pmatrix}$

問 2.2

1) $\begin{pmatrix} -11 & -2 & 21 \\ -4 & 43 & 4 \end{pmatrix}$

2) $\begin{pmatrix} 29 & -24 & 42 \\ 22 & 5 & 34 \end{pmatrix}$

問 2.3

1) $\begin{pmatrix} 6 & 7 \end{pmatrix}$

2) $\begin{pmatrix} 23 & 12 \\ -3 & 47 \end{pmatrix}$

3) $\begin{pmatrix} -5 & 49 \\ 6 & 72 \\ 9 & 0 \end{pmatrix}$

4) $\begin{pmatrix} 1 & 2 & 0 \\ 3 & 8 & -8 \\ 3 & 12 & -13 \end{pmatrix}$

5) $\begin{pmatrix} -\cos 2\theta & 0 \\ \sin 2\theta & 1 \end{pmatrix}$

問 2.4

左辺：$AB = \begin{pmatrix} -3 & 3 \\ -4 & 5 \end{pmatrix}$

右辺：$BA = \begin{pmatrix} 3 & 9 \\ 0 & -1 \end{pmatrix}$

よって，$AB \neq BA$

問 2.5

$$A = \left(\begin{array}{ccc|cc} 1 & 0 & 1 & 3 & 1 \\ 0 & 2 & 0 & 1 & 0 \\ 0 & 0 & 1 & 2 & 1 \\ \hline 0 & 0 & 0 & 1 & 0 \\ 0 & 0 & 0 & 0 & 1 \end{array}\right)$$

$$B = \left(\begin{array}{ccc|cc} 2 & 1 & 3 & 0 & -6 \\ 0 & 3 & 1 & 0 & 1 \\ 0 & 0 & 0 & 1 & 0 \\ \hline 0 & 0 & 0 & 1 & 0 \\ 0 & 0 & 0 & 0 & 2 \end{array}\right)$$

と区切って，行列 A, B を次のような小行列に分ける．

$$A = \left(\begin{array}{c|c} A_1 & A_2 \\ \hline A_3 & A_4 \end{array}\right), \quad B = \left(\begin{array}{c|c} B_1 & B_2 \\ \hline B_3 & B_4 \end{array}\right)$$

① $A_1 \cdot B_1 + A_2 \cdot B_3 = \begin{pmatrix} 2 & 1 & 3 \\ 0 & 6 & 2 \\ 0 & 0 & 0 \end{pmatrix}$

② $A_1 \cdot B_2 + A_2 \cdot B_4 = \begin{pmatrix} 4 & -4 \\ 1 & 2 \\ 3 & 2 \end{pmatrix}$

③ $A_3 \cdot B_1 + A_4 \cdot B_3 = \begin{pmatrix} 0 & 0 & 0 \\ 0 & 0 & 0 \end{pmatrix}$

④ $A_3 \cdot B_2 + A_4 \cdot B_4 = \begin{pmatrix} 1 & 0 \\ 0 & 2 \end{pmatrix}$

$A \cdot B = \left(\begin{array}{c|c} ① & ② \\ \hline ③ & ④ \end{array}\right)$ とおいて次のように配列する．

$$\left(\begin{array}{ccc|cc} 2 & 1 & 3 & 4 & -4 \\ 0 & 6 & 2 & 1 & 2 \\ 0 & 0 & 0 & 3 & 2 \\ \hline 0 & 0 & 0 & 1 & 0 \\ 0 & 0 & 0 & 0 & 2 \end{array}\right)$$

よって，積 $A \cdot B = \begin{pmatrix} 2 & 1 & 3 & 4 & -4 \\ 0 & 6 & 2 & 1 & 2 \\ 0 & 0 & 0 & 3 & 2 \\ 0 & 0 & 0 & 1 & 0 \\ 0 & 0 & 0 & 0 & 2 \end{pmatrix}$

問 2.6

1) $\begin{pmatrix} -\frac{2}{13} & \frac{5}{13} \\ \frac{3}{13} & -\frac{1}{13} \end{pmatrix}$

2) $\begin{pmatrix} -2 & 1 \\ \dfrac{3}{2} & -\dfrac{1}{2} \end{pmatrix}$

3) $\begin{pmatrix} \cos\theta & \sin\theta \\ -\sin\theta & \cos\theta \end{pmatrix}$

問 2.7

1) $A^{-1} = \begin{pmatrix} -1 & 2 \\ -1 & 1 \end{pmatrix}$

2) $A^{-1} = \dfrac{1}{11}\begin{pmatrix} -1 & 7 \\ 2 & -3 \end{pmatrix}$

問 2.8

1) $A^{-1} = \begin{pmatrix} 5 & -8 & 1 \\ -7 & 12 & -2 \\ 3 & -5 & 1 \end{pmatrix}$

2) $A^{-1} = \dfrac{1}{12}\begin{pmatrix} -4 & 2 & -2 \\ 2 & -1 & 7 \\ 2 & 5 & 1 \end{pmatrix}$

問 2.9

- $A^2 = \begin{pmatrix} 14 & -5 \\ 10 & -1 \end{pmatrix}$
- $A^3 = \begin{pmatrix} 46 & -19 \\ 38 & -11 \end{pmatrix}$
- $A^6 = \begin{pmatrix} 1394 & -665 \\ 1330 & -601 \end{pmatrix}$

問 3.1

偶順列

$(1,2,3,4)\quad (1,3,4,2)\quad (1,4,2,3)\quad (2,1,4,3)$
$(2,3,1,4)\quad (2,4,3,1)\quad (3,1,2,4)\quad (3,2,4,1)$
$(3,4,1,2)\quad (4,1,3,2)\quad (4,2,1,3)\quad (4,3,2,1)$

奇順列

$(1,2,4,3)\quad (1,3,2,4)\quad (1,4,3,2)\quad (2,1,3,4)$
$(2,3,4,1)\quad (2,4,1,3)\quad (3,1,4,2)\quad (3,2,1,4)$
$(3,4,2,1)\quad (4,1,2,3)\quad (4,2,3,1)\quad (4,3,1,2)$

問 3.2

1) 14
2) 1
3) $a^3 + b^3 + c^3 - 3abc$

問 3.3

1) $x = -5$
2) $x = 1,\ 2,\ 3$

問 3.4

1)
$$|A| = \begin{vmatrix} 2 & 8 & -6 \\ -3 & -1 & 8 \\ -2 & 3 & 5 \end{vmatrix}$$

第 1 行の共通因数をくくり出すと

$$2\begin{vmatrix} 1 & 4 & -3 \\ -3 & -1 & 8 \\ -2 & 3 & 5 \end{vmatrix}$$

第 2 行に第 1 行を加えると

$$2\begin{vmatrix} 1 & 4 & -3 \\ -2 & 3 & 5 \\ -2 & 3 & 5 \end{vmatrix}$$

第 2 行と第 3 行が同じであるから, 0.

2)
$$|B| = \begin{vmatrix} 1 & a & b+c \\ 1 & b & c+a \\ 1 & c & a+b \end{vmatrix}$$

第 3 列を第 2 列に加えると

$$|B| = \begin{vmatrix} 1 & a+b+c & b+c \\ 1 & b+c+a & c+a \\ 1 & c+a+b & a+b \end{vmatrix}$$

第 2 列の共通因数の a+b+c をくくり出すと

$$|B| = \begin{vmatrix} 1 & 1 & b+c \\ 1 & 1 & c+a \\ 1 & 1 & a+b \end{vmatrix}$$

第 1 列と第 2 列が同じであるから, 0.

問 3.5

$|A| = -35$

問 3.6

$|A| = -55$

問 3.7

1) $|A| = 6 \neq 0$ であるから, この行列は正則で逆行列をもち

$$A^{-1} = \dfrac{1}{6}\begin{pmatrix} 1 & 2 & 1 \\ -4 & 4 & 2 \\ 2 & -2 & 2 \end{pmatrix}$$

2) $|A| = 9 \neq 0$ であるから，この行列は正則で逆行列をもち
$$A^{-1} = \frac{1}{9}\begin{pmatrix} 3 & 11 & 10 \\ 3 & -4 & -2 \\ 0 & 6 & 3 \end{pmatrix}$$

問 4.1

1) $A^{-1} = \begin{pmatrix} -40 & 16 & 9 \\ 13 & -5 & -3 \\ 5 & -2 & -1 \end{pmatrix}$

$\begin{pmatrix} x \\ y \\ z \end{pmatrix} = \begin{pmatrix} 13 \\ -4 \\ -1 \end{pmatrix}$

2) $\begin{pmatrix} x \\ y \\ z \end{pmatrix} = \begin{pmatrix} -1 \\ 2 \\ 1 \end{pmatrix}$

問 4.2

(3) $\begin{pmatrix} 1 & 2 & | & 5 \\ \boxed{0} & \boxed{-1} & | & \boxed{-2} \end{pmatrix}$

(4) $\begin{pmatrix} 1 & 2 & | & 5 \\ \boxed{0} & \boxed{1} & | & \boxed{2} \end{pmatrix}$

(5), (6) $\begin{pmatrix} \boxed{1} & \boxed{0} & | & \boxed{1} \\ \boxed{0} & \boxed{1} & | & \boxed{2} \end{pmatrix}$

(7) $\begin{pmatrix} \boxed{1} \\ \boxed{2} \end{pmatrix}$

問 4.3

(3) $\begin{pmatrix} 1 & 1 & -1 & | & -2 \\ \boxed{0} & \boxed{3} & \boxed{1} & | & \boxed{-1} \\ \boxed{0} & \boxed{1} & \boxed{1} & | & 1 \end{pmatrix}$

(4) $\begin{pmatrix} 1 & 1 & -1 & | & -2 \\ \boxed{0} & \boxed{1} & \boxed{1} & | & \boxed{1} \\ \boxed{0} & \boxed{3} & \boxed{1} & | & \boxed{-1} \end{pmatrix}$

(5) ($\boxed{-1}$倍　$\boxed{-3}$倍)

$\begin{pmatrix} 1 & 0 & -2 & | & -3 \\ 0 & 1 & 1 & | & 1 \\ \boxed{0} & \boxed{0} & \boxed{-2} & | & \boxed{-4} \end{pmatrix}$

(6) ($\boxed{-\frac{1}{2}}$倍)

$\begin{pmatrix} 1 & 0 & -2 & | & -3 \\ 0 & 1 & 1 & | & 1 \\ \boxed{0} & \boxed{0} & \boxed{1} & | & \boxed{2} \end{pmatrix}$

(7), (8) ($\boxed{2}$倍　$\boxed{-1}$倍)

$\begin{pmatrix} 1 & 0 & 0 & | & \boxed{1} \\ 0 & 1 & 0 & | & \boxed{-1} \\ 0 & 0 & 1 & | & \boxed{2} \end{pmatrix}$

問 4.4

$\begin{pmatrix} x \\ y \\ z \end{pmatrix} = \begin{pmatrix} 3 \\ -3 \\ 1 \end{pmatrix}$

1	1	1	1
5	1	-2	10
3	4	1	-2
1	1	1	1
0	-4	-7	5
0	1	-2	-5
1	1	1	1
0	1	$\frac{7}{4}$	$-\frac{5}{4}$
0	1	-2	-5
1	0	$-\frac{3}{4}$	$\frac{9}{4}$
0	1	$\frac{7}{4}$	$-\frac{5}{4}$
0	0	$-\frac{15}{4}$	$-\frac{15}{4}$
1	0	$-\frac{3}{4}$	$\frac{9}{4}$
0	1	$\frac{7}{4}$	$-\frac{5}{4}$
0	0	1	1
1	0	0	3
0	1	0	-3
0	0	1	1

問 4.5

1) rank $A = 2$
2) rank $B = 3$
3) rank $C = 3$

問 4.6

1) $\begin{pmatrix} x \\ y \end{pmatrix} = \begin{pmatrix} 2 \\ 3 \end{pmatrix}$

2) $\begin{pmatrix} x \\ y \\ z \end{pmatrix} = \begin{pmatrix} 15 \\ -10 \\ -3 \end{pmatrix}$

3) $\begin{pmatrix} x \\ y \\ z \end{pmatrix} = \begin{pmatrix} 7 \\ 5 \\ -4 \end{pmatrix}$

問 4.7

1) $x = -\dfrac{6}{7}c, \quad y = \dfrac{5}{7}c, \quad z = c$
2) $x = c, \quad y = -2c, \quad z = c$

問 4.8

1) $x = -2, \quad y = 5$
2) $x = 2, \quad y = -2, \quad z = -2$

問 5.1

求めたい 1 次変換 f の行列を A とすると

$$A\begin{pmatrix} 1 \\ 1 \end{pmatrix} = \begin{pmatrix} 3 \\ 2 \end{pmatrix}, \quad A\begin{pmatrix} 2 \\ 1 \end{pmatrix} = A\begin{pmatrix} 7 \\ 0 \end{pmatrix}$$

より

$$A\begin{pmatrix} 1 & 2 \\ 1 & 1 \end{pmatrix} = \begin{pmatrix} 3 & 7 \\ 2 & 0 \end{pmatrix}$$

ここで,両辺の右から行列 $\begin{pmatrix} 1 & 2 \\ 1 & 1 \end{pmatrix}$ の逆行列 $\begin{pmatrix} -1 & 2 \\ 1 & -1 \end{pmatrix}$ をかけると

$$A\begin{pmatrix} 1 & 2 \\ 1 & 1 \end{pmatrix}\begin{pmatrix} -1 & 2 \\ 1 & -1 \end{pmatrix}$$
$$= \begin{pmatrix} 3 & 7 \\ 2 & 0 \end{pmatrix}\begin{pmatrix} -1 & 2 \\ 1 & -1 \end{pmatrix}$$

よって

$$f : A = \begin{pmatrix} 4 & -1 \\ -2 & 4 \end{pmatrix}$$

問 5.2

直線 $2x + 3y = 6$ 上の任意の点を $(3t, 2-2t)$ として,この点を変換すると

$$\begin{pmatrix} x' \\ y' \end{pmatrix} = \begin{pmatrix} 2 & 5 \\ 1 & 3 \end{pmatrix}\begin{pmatrix} 3t \\ 2-2t \end{pmatrix}$$
$$= \begin{pmatrix} -4t + 10 \\ -3t + 6 \end{pmatrix}$$

$x' = -4t + 10,\ y' = -3t + 6$ より,x' と y' の関係は,媒介変数 t を消去すると直線 $3x - 4y = 6$ となる.

(別解)

$$\begin{pmatrix} x' \\ y' \end{pmatrix} = \begin{pmatrix} 2 & 5 \\ 1 & 3 \end{pmatrix}\begin{pmatrix} x \\ y \end{pmatrix}$$ において

$$A = \begin{pmatrix} 2 & 5 \\ 1 & 3 \end{pmatrix}$$

とおくと

$$A^{-1} = \begin{pmatrix} 3 & -5 \\ -1 & 2 \end{pmatrix}$$

より $\begin{pmatrix} x' \\ y' \end{pmatrix} = A\begin{pmatrix} x \\ y \end{pmatrix}$ は次のようになる.

$$A^{-1}\begin{pmatrix} x' \\ y' \end{pmatrix} = A^{-1}A\begin{pmatrix} x \\ y \end{pmatrix} = \begin{pmatrix} x \\ y \end{pmatrix}$$

よって

$$\begin{pmatrix} x \\ y \end{pmatrix} = A^{-1}\begin{pmatrix} x' \\ y' \end{pmatrix}$$
$$= \begin{pmatrix} 3 & -5 \\ -1 & 2 \end{pmatrix}\begin{pmatrix} x' \\ y' \end{pmatrix}$$
$$= \begin{pmatrix} 3x' - 5y' \\ -x' + 2y' \end{pmatrix}$$

$x = 3x' - 5y',\ y = -x' + 2y'$ を直線 $2x + 3y = 6$ に代入して整理すると,直線:$3x - 4y = 6$ となる.

問 5.3

$g \circ f : \begin{cases} x' = -x + 2y \\ y' = 7x - 2y \end{cases}$

$f \circ g : \begin{cases} x' = -5x + 1y \\ y' = 2x + 2y \end{cases}$

$g \circ f$ で点 $(2,3)$ は点 $(4,8)$ に移される.
$f \circ g$ で点 $(2,3)$ は点 $(-7, 10)$ に移される.

問 5.4

1) 正則でないから逆変換はない.

2) $\dfrac{1}{4}\begin{pmatrix} 3 & 1 \\ -1 & 1 \end{pmatrix}$

3) $\begin{pmatrix} -4 & 3 \\ 3 & -2 \end{pmatrix}$

問 6.1

1) ・固有値 $\lambda_1 = -2$
    固有ベクトル

$$\begin{pmatrix} x \\ y \end{pmatrix} = \begin{pmatrix} 1 \\ -1 \end{pmatrix} c \quad (c \text{ は任意定数})$$

- 固有値 $\lambda_2 = 1$
  固有ベクトル
$$\begin{pmatrix} x \\ y \end{pmatrix} = \begin{pmatrix} -4 \\ 1 \end{pmatrix} c$$

2) - 固有値 $\lambda_1 = 2$
  固有ベクトル
$$\begin{pmatrix} x \\ y \end{pmatrix} = \begin{pmatrix} 1 \\ -1 \end{pmatrix} c \quad (c \text{ は任意定数})$$

- 固有値 $\lambda_2 = 5$
  固有ベクトル
$$\begin{pmatrix} x \\ y \end{pmatrix} = \begin{pmatrix} 1 \\ 1 \end{pmatrix} c$$

3) - 固有値 $\lambda_1 = -1$
  固有ベクトル
$$\begin{pmatrix} x \\ y \\ z \end{pmatrix} = \begin{pmatrix} 1 \\ 0 \\ -1 \end{pmatrix} c \quad (c \text{ は任意定数})$$

- 固有値 $\lambda_2 = 2$
  固有ベクトル
$$\begin{pmatrix} x \\ y \\ z \end{pmatrix} = \begin{pmatrix} 0 \\ 1 \\ 0 \end{pmatrix} c$$

- 固有値 $\lambda_3 = 3$
  固有ベクトル
$$\begin{pmatrix} x \\ y \\ z \end{pmatrix} = \begin{pmatrix} 1 \\ 0 \\ 1 \end{pmatrix} c$$

問 6.2

1) - 固有値 $\lambda_1 = 0$
  固有ベクトル
$$\vec{a_1} = \begin{pmatrix} x \\ y \end{pmatrix} = \begin{pmatrix} 2 \\ 1 \end{pmatrix}$$

- 固有値 $\lambda_2 = 5$
  固有ベクトル
$$\vec{a_2} = \begin{pmatrix} x \\ y \end{pmatrix} = \begin{pmatrix} 1 \\ -2 \end{pmatrix}$$

- 単位固有ベクトル
$$\vec{p_1} = \frac{1}{\sqrt{5}} \begin{pmatrix} 2 \\ 1 \end{pmatrix},$$
$$\vec{p_2} = \frac{1}{\sqrt{5}} \begin{pmatrix} 1 \\ -2 \end{pmatrix} \text{ より}$$
$$(\vec{p_1} \cdot \vec{p_2}) = \frac{1}{\sqrt{5}} \begin{pmatrix} 2 & 1 \end{pmatrix} \frac{1}{\sqrt{5}} \begin{pmatrix} 1 \\ -2 \end{pmatrix} = 0$$

2) - 固有値 $\lambda_1 = 0.2$
  固有ベクトル
$$\vec{a_1} = \begin{pmatrix} x \\ y \end{pmatrix} = \begin{pmatrix} 1 \\ -1 \end{pmatrix}$$

- 固有値 $\lambda_2 = 1.8$
  固有ベクトル
$$\vec{a_2} = \begin{pmatrix} x \\ y \end{pmatrix} = \begin{pmatrix} 1 \\ 1 \end{pmatrix}$$

- 単位固有ベクトル
$$\vec{p_1} = \frac{1}{\sqrt{2}} \begin{pmatrix} 1 \\ -1 \end{pmatrix},$$
$$\vec{p_2} = \frac{1}{\sqrt{2}} \begin{pmatrix} 1 \\ 1 \end{pmatrix} \text{ より}$$
$$(\vec{p_1} \cdot \vec{p_2}) = \frac{1}{\sqrt{2}} \begin{pmatrix} 1 & -1 \end{pmatrix} \frac{1}{\sqrt{2}} \begin{pmatrix} 1 \\ 1 \end{pmatrix} = 0$$

問 6.3

1) - 固有値 $\lambda_1 = -3$
$$\begin{pmatrix} x \\ y \end{pmatrix} = \begin{pmatrix} -1 \\ 2 \end{pmatrix} c \quad (c \text{ は任意定数})$$

- 固有値 $\lambda_2 = 2$
$$\begin{pmatrix} x \\ y \end{pmatrix} = \begin{pmatrix} 2 \\ 1 \end{pmatrix} c$$

2) - 固有値 $\lambda_1 = -1$
  固有ベクトル
$$\begin{pmatrix} x \\ y \\ z \end{pmatrix} = \begin{pmatrix} -1 \\ 1 \\ 2 \end{pmatrix} c \quad (c \text{ は任意定数})$$

- 固有値 $\lambda_2 = 2$
  固有ベクトル
$$\begin{pmatrix} x \\ y \\ z \end{pmatrix} = \begin{pmatrix} 1 \\ -1 \\ 1 \end{pmatrix} c$$

- 固有値 $\lambda_3 = 3$

固有ベクトル
$$\begin{pmatrix} x \\ y \\ z \end{pmatrix} = \begin{pmatrix} 1 \\ 1 \\ 0 \end{pmatrix} c$$

3) ● 固有値 $\lambda_1 = 1$
固有ベクトル
$$\begin{pmatrix} x \\ y \\ z \end{pmatrix} = \begin{pmatrix} -1 \\ 1 \\ 1 \end{pmatrix} c \quad (c \text{ は任意定数})$$

● 固有値 $\lambda_2 = 2$
固有ベクトル
$$\begin{pmatrix} x \\ y \\ z \end{pmatrix} = \begin{pmatrix} 0 \\ -1 \\ 1 \end{pmatrix} c$$

● 固有値 $\lambda_3 = 4$
固有ベクトル
$$\begin{pmatrix} x \\ y \\ z \end{pmatrix} = \begin{pmatrix} 2 \\ 1 \\ 1 \end{pmatrix} c$$

問 6.4

1) $P = \begin{pmatrix} 5 & -1 \\ 1 & 1 \end{pmatrix}$

$P^{-1}AP = \begin{pmatrix} 3 & 0 \\ 0 & -3 \end{pmatrix}$

2) $P = \begin{pmatrix} -3 & -2 \\ 5 & 1 \end{pmatrix}$

$P^{-1}AP = \begin{pmatrix} -3 & 0 \\ 0 & 4 \end{pmatrix}$

3) $P = \begin{pmatrix} -2 & -1 & 1 \\ 1 & 0 & 1 \\ 0 & 1 & 1 \end{pmatrix}$

$P^{-1}AP = \begin{pmatrix} 1 & 0 & 0 \\ 0 & 1 & 0 \\ 0 & 0 & 5 \end{pmatrix}$

4) $P = \begin{pmatrix} -1 & 2 & 1 \\ -1 & 1 & -1 \\ 1 & 1 & 3 \end{pmatrix}$

$P^{-1}AP = \begin{pmatrix} 2 & 0 & 0 \\ 0 & 4 & 0 \\ 0 & 0 & 0 \end{pmatrix}$

問 6.5

1) $A^n = \dfrac{1}{3}\begin{pmatrix} 2^n + 2 \cdot 5^n & -2^{n+1} + 2 \cdot 5^n \\ -2^n + 5^n & 2^{n+1} + 5^n \end{pmatrix}$

2) $A^n = \dfrac{1}{2}\begin{pmatrix} 0.6^n + 1 & -0.6^n + 1 \\ -0.6^n + 1 & 0.6^n + 1 \end{pmatrix}$

練習問題の解答

第1章

1. (1) $(3, 8)$
   (2) $(-4, -13)$
   (3) $(-13, -2)$

2. (1) $\cos\theta = \dfrac{\sqrt{3}}{2}$, $\theta = \dfrac{\pi}{6}$
   (2) $\cos\theta = 0$, $\theta = \dfrac{\pi}{2}$

3. $\vec{a}(\vec{b} - \vec{c}) = a_1(b_1 - c_1) + a_2(b_2 - c_2)$
   $= a_1 b_1 - a_1 c_1 + a_2 b_2 - a_2 c_2$
   $= (a_1 b_1 + a_2 b_2) - (a_1 c_1 + a_2 c_2)$
   $= (\vec{a} \cdot \vec{b}) - (\vec{a} \cdot \vec{c})$

4. (1) $|\vec{a}| = \sqrt{2}$, $|\vec{b}| = 2\sqrt{2}$
   (2) $\vec{a} \cdot \vec{b} = 2$
   (3) $\cos\theta = \dfrac{1}{2}$, $\theta = \dfrac{\pi}{3}$

5. $(\vec{a} + x\vec{b})(\vec{a} - \vec{b}) = 0$ より $x = -3$

6. $|\vec{a} + \vec{b}| = 13$, $|\vec{a} - \vec{b}| = \sqrt{57}$

7. $x = -\dfrac{24}{35}$, $y = \dfrac{5}{7}$
   または $x = \dfrac{24}{35}$, $y = -\dfrac{5}{7}$

8. $|2\vec{a} - \vec{b}| = 2\sqrt{21}$

9. (1) $x = \dfrac{2}{3}$
   (2) $x = -6$
   (3) $x = 4$

10. (1) $(16, 23, -1)$
    (2) $(-34, -39, -25)$

11. (1) $|\vec{a}| = 3$, $|\vec{b}| = \sqrt{17}$
    (2) $\vec{a} \cdot \vec{b} = 0$
    (3) $\theta = \dfrac{\pi}{2}$

12. (1) 垂直：$x = -1, 2$
    (2) 平行：$m = -\dfrac{3}{2}$, $n = 4$

13. $k = \dfrac{7}{12}$

14. $\vec{a} \perp \vec{b} : -2m + 4l - 1 = 0$,
    $\vec{b} \perp \vec{c} : m - n + 4 = 0$,
    $\vec{c} \perp \vec{a} : l + n - 2 = 0$
    $l = -\dfrac{1}{2}$, $m = -\dfrac{3}{2}$, $n = \dfrac{5}{2}$

15. (1) $\theta = \dfrac{\pi}{3}$
    (2) $x + y = 0$, $x - z = 0$, $\sqrt{x^2 + y^2 + z^2} = 1$ より
    $x = \dfrac{\sqrt{3}}{3}$, $y = -\dfrac{\sqrt{3}}{3}$, $z = \dfrac{\sqrt{3}}{3}$
    $x = -\dfrac{\sqrt{3}}{3}$, $y = \dfrac{\sqrt{3}}{3}$, $z = -\dfrac{\sqrt{3}}{3}$

16. (1) $a \begin{pmatrix} 2 \\ -4 \end{pmatrix} + b \begin{pmatrix} -3 \\ 6 \end{pmatrix} = \begin{pmatrix} 0 \\ 0 \end{pmatrix}$
    とおいて次の方程式を解く．
    $\begin{cases} 2a - 3b = 0 \\ -4a + 6b = 0 \end{cases}$ より
    $a = \dfrac{3}{2} b$
    よって
    $\begin{pmatrix} a \\ b \end{pmatrix} = \begin{pmatrix} 3 \\ 2 \end{pmatrix}$
    $3 \begin{pmatrix} 2 \\ -4 \end{pmatrix} + 2 \begin{pmatrix} -3 \\ 6 \end{pmatrix} = \begin{pmatrix} 0 \\ 0 \end{pmatrix}$
    となり，1次従属である．（一方が他方のスカラー倍となっている）

    (2) $a \begin{pmatrix} 1 \\ -1 \end{pmatrix} + b \begin{pmatrix} 2 \\ 3 \end{pmatrix} = \begin{pmatrix} 0 \\ 0 \end{pmatrix}$
    を満たす a, b が存在したとすると

$$\begin{cases} a + 2b = 0 \\ -a + 3b = 0 \end{cases} \text{より}$$

$a = 0, b = 0$

よって 1 次独立である.

17. (1)
$$a\begin{pmatrix} 1 \\ -1 \\ 1 \end{pmatrix} + b\begin{pmatrix} 2 \\ 0 \\ 3 \end{pmatrix} + c\begin{pmatrix} 4 \\ 2 \\ 7 \end{pmatrix} = \begin{pmatrix} 0 \\ 0 \\ 0 \end{pmatrix}$$

とおいて次の方程式を解く.

$$\begin{cases} a + 2b + 4c = 0 \\ -a + 2c = 0 \\ a + 3b + 7c = 0 \end{cases} \text{より}$$

$a = 2c, \quad b = -3c$

よって

$$\begin{pmatrix} a \\ b \\ c \end{pmatrix} = \begin{pmatrix} 2 \\ -3 \\ 1 \end{pmatrix}$$

$$2\begin{pmatrix} 1 \\ -1 \\ 1 \end{pmatrix} - 3\begin{pmatrix} 2 \\ 0 \\ 3 \end{pmatrix} + \begin{pmatrix} 4 \\ 2 \\ 7 \end{pmatrix} = \begin{pmatrix} 0 \\ 0 \\ 0 \end{pmatrix}$$

よって, 1 次従属となる.（1 次結合で表される）

(2)
$$a\begin{pmatrix} 1 \\ 0 \\ 1 \end{pmatrix} + b\begin{pmatrix} 3 \\ 1 \\ -1 \end{pmatrix} + c\begin{pmatrix} 1 \\ 2 \\ 0 \end{pmatrix} = \begin{pmatrix} 0 \\ 0 \\ 0 \end{pmatrix}$$

を満たす a, b, c が存在したとすると

$$\begin{cases} a + 3b + c = 0 \\ b + 2c = 0 \\ a - b = 0 \end{cases} \text{より}$$

$a = 0, b = 0, c = 0$

よって, 1 次独立である.

第 2 章

1. $\begin{pmatrix} 4 & -7 & 1 \\ 13 & -2 & -26 \end{pmatrix}$

2. $X = \begin{pmatrix} -4 & -2 \\ 0 & -8 \\ 7 & 1 \end{pmatrix}$

3. (1) $X = \begin{pmatrix} -15 & 11 \\ -2 & -1 \end{pmatrix}$

(2) $X = \begin{pmatrix} -6 & 2 \\ -2 & 2 \end{pmatrix}$

4. $X = \begin{pmatrix} -1 & 1 \\ 0 & -1 \end{pmatrix}, \quad Y = \begin{pmatrix} 1 & -2 \\ 1 & 0 \end{pmatrix}$

5. (1) $\begin{pmatrix} -8 & 18 & -10 \\ 0 & 6 & -6 \\ -11 & 30 & -19 \end{pmatrix}$

(2) $\begin{pmatrix} -6 & 8 \\ 2 & -5 \\ 9 & 5 \end{pmatrix}$

(3) $\begin{pmatrix} 1 & 0 \\ 0 & 1 \end{pmatrix}$

(4) $\begin{pmatrix} 2 & 4 & 6 \\ 5 & 10 & 15 \end{pmatrix}$

(5) $\begin{pmatrix} x^2 + y^2 + 2axy + 2bx + 2cy + 1 \end{pmatrix}$

(6) $\begin{pmatrix} 1 & 3 & 6 \\ 0 & 1 & 3 \\ 0 & 0 & 3 \end{pmatrix}$

6. (1) $A + B = \begin{pmatrix} 2 & 3 \\ -2 & 0 \end{pmatrix}$

$A - B = \begin{pmatrix} 2 & -3 \\ -4 & 2 \end{pmatrix}$ より

$(A+B)(A-B) = \begin{pmatrix} -8 & 0 \\ -4 & 6 \end{pmatrix}$

(2) $A^2 - B^2 = \begin{pmatrix} 1 & 3 \\ -8 & -3 \end{pmatrix}$

7. (1) $\begin{pmatrix} 3 & 5 \\ 1 & 2 \end{pmatrix}$ の逆行列 $\begin{pmatrix} 2 & -5 \\ -1 & 3 \end{pmatrix}$ を両辺の左からかける.

$X = \begin{pmatrix} -22 & -50 \\ 14 & 29 \end{pmatrix}$

(2) (1) と同じ逆行列を, ここでは両辺の右からかける.

$X = \begin{pmatrix} 13 & -35 \\ 4 & -6 \end{pmatrix}$

8. (1) 行列多項式は $A^2 - 3A - 10I = O$

これより

$\dfrac{1}{10}(A^2 - 3A) = I, \quad A \cdot \dfrac{1}{10}(A - 3I) = I$

逆行列 A^{-1} を両辺の左からかけると, 次のような関係式が得られる.

$\dfrac{1}{10}(A - 3I) = A^{-1}$

$$A^{-1} = \frac{1}{10}(A - 3I) = \frac{1}{10}\begin{pmatrix} -2 & 3 \\ 4 & -1 \end{pmatrix}$$

(2) 行列多項式は, $A^2 - 11A + 36I = O$ これより

$$\frac{1}{36}(A^2 - 11A) = -I$$

$$-A \cdot \frac{1}{36}(A - 11I) = I$$

逆行列 A^{-1} を両辺の左からかける.

$$-\frac{1}{36}(A - 11I) = A^{-1}$$

$$A^{-1} = -\frac{1}{36}(A - 11I)$$

$$= -\frac{1}{36}\begin{pmatrix} -5 & -2 \\ 3 & -6 \end{pmatrix}$$

9. (1) $\begin{pmatrix} 3 & -1 \\ 5 & -2 \end{pmatrix}$

(2) $\dfrac{1}{4}\begin{pmatrix} -4 & 2 & 2 \\ 2 & -1 & 1 \\ 2 & 1 & -1 \end{pmatrix}$

第3章

1. (1) 92
   (2) 27
   (3) b^2

2. (1) 第1行と第2行が比例している
   (2) 第1列と第3列が比例している

3. (1) 16
   (2) -360
   (3) 0

4. (1) $(b-a)(c-a)(c-b)$
   (2) $-(a-b)^2(a+b)$

5. (1) 144 (第2行に -1 をかけて, 第1行に加え, 第2行に -2 をかけて第3行に加える)

   $$\begin{vmatrix} 3 & 2 & 0 & 4 \\ 2 & 5 & 1 & -6 \\ 4 & -9 & 0 & 5 \\ 3 & -2 & 0 & 8 \end{vmatrix} \text{ となる}$$

   (2) -18
   (3) $(a+3)(a-1)^3$

6. (1) 正則

$$A^{-1} = \begin{pmatrix} 3 & -7 \\ -2 & 5 \end{pmatrix}$$

(2) 正則

$$A^{-1} = \begin{pmatrix} 1 & -1 & 1 \\ 0 & 1 & -1 \\ 0 & 0 & 1 \end{pmatrix}$$

(3) 正則

$$A^{-1} = \frac{1}{2}\begin{pmatrix} 11 & 3 & -5 \\ -8 & -2 & 4 \\ 7 & 1 & -3 \end{pmatrix}$$

(4) 正則でない

第4章

1. (1) 行列式 $|A| = \begin{vmatrix} 3 & 4 \\ 5 & 7 \end{vmatrix} = 1 \neq 0$

   よって正則行列.

   逆行列 $A^{-1} = \begin{pmatrix} 7 & -4 \\ -5 & 3 \end{pmatrix}$

(2) 行列式 $|A| = \begin{vmatrix} 4 & 10 \\ -2 & -5 \end{vmatrix} = 0$

   よって正則行列ではない.

(3) 行列の縦ベクトルを次のようにおく.

$$\vec{a_1} = \begin{pmatrix} 1 \\ 3 \\ -2 \end{pmatrix}, \quad \vec{a_2} = \begin{pmatrix} 0 \\ 1 \\ 0 \end{pmatrix},$$

$$\vec{a_3} = \begin{pmatrix} 1 \\ 8 \\ -1 \end{pmatrix}$$

1次結合 $s\vec{a_1} + t\vec{a_2} + u\vec{a_3} = \vec{0}$ を満たす s, t, u を求めると, $s = t = u = 0$ となる. よって, 3個のベクトルは1次独立となる. 与えられた行列は正則行列である.

$$A^{-1} = \begin{pmatrix} -1 & 0 & -1 \\ -13 & 1 & -5 \\ 2 & 0 & 1 \end{pmatrix}$$

2. (1) $A^{-1} = \dfrac{1}{11}\begin{pmatrix} 5 & -2 \\ -2 & 3 \end{pmatrix}$,

$$\begin{pmatrix} x \\ y \end{pmatrix} = \begin{pmatrix} 3 \\ -1 \end{pmatrix}$$

練習問題の解答

$$\begin{array}{cc|cc} 3 & 2 & 1 & 0 \\ 2 & 5 & 0 & 1 \end{array}$$

$$\begin{array}{cc|cc} 1 & \frac{2}{3} & \frac{1}{3} & 0 \\ 2 & 5 & 0 & 1 \end{array}$$

$$\begin{array}{cc|cc} 1 & \frac{2}{3} & \frac{1}{3} & 0 \\ 0 & \frac{11}{3} & -\frac{2}{3} & 1 \end{array}$$

$$\begin{array}{cc|cc} 1 & \frac{2}{3} & \frac{1}{3} & 0 \\ 0 & 1 & -\frac{2}{11} & \frac{3}{11} \end{array}$$

$$\begin{array}{cc|cc} 1 & 0 & \frac{5}{11} & -\frac{2}{11} \\ 0 & 1 & -\frac{2}{11} & \frac{3}{11} \end{array}$$

(2) $A^{-1} = \dfrac{1}{2}\begin{pmatrix} 11 & 3 & -5 \\ -8 & -2 & 4 \\ 7 & 1 & -3 \end{pmatrix}$,

$\begin{pmatrix} x \\ y \\ z \end{pmatrix} = \begin{pmatrix} 4 \\ -4 \\ 2 \end{pmatrix}$

$$\begin{array}{ccc|ccc} 1 & 2 & 1 & 1 & 0 & 0 \\ 2 & 1 & -2 & 0 & 1 & 0 \\ 3 & 5 & 1 & 0 & 0 & 1 \end{array}$$

$$\begin{array}{ccc|ccc} 1 & 2 & 1 & 1 & 0 & 0 \\ 0 & -3 & -4 & -2 & 1 & 0 \\ 0 & -1 & -2 & -3 & 0 & 1 \end{array}$$

$$\begin{array}{ccc|ccc} 1 & 2 & 1 & 1 & 0 & 0 \\ 0 & 1 & \frac{4}{3} & \frac{2}{3} & -\frac{1}{3} & 0 \\ 0 & -1 & -2 & -3 & 0 & 1 \end{array}$$

$$\begin{array}{ccc|ccc} 1 & 0 & -\frac{5}{3} & -\frac{1}{3} & \frac{2}{3} & 0 \\ 0 & 1 & \frac{4}{3} & \frac{2}{3} & -\frac{1}{3} & 0 \\ 0 & 0 & -\frac{2}{3} & -\frac{7}{3} & -\frac{1}{3} & 1 \end{array}$$

$$\begin{array}{ccc|ccc} 1 & 0 & -\frac{5}{3} & -\frac{1}{3} & \frac{2}{3} & 0 \\ 0 & 1 & \frac{4}{3} & \frac{2}{3} & -\frac{1}{3} & 0 \\ 0 & 0 & 1 & \frac{7}{2} & \frac{1}{2} & -\frac{3}{2} \end{array}$$

$$\begin{array}{ccc|ccc} 1 & 0 & 0 & \frac{11}{2} & \frac{3}{2} & -\frac{5}{2} \\ 0 & 1 & 0 & -4 & -1 & 2 \\ 0 & 0 & 1 & \frac{7}{2} & \frac{1}{2} & -\frac{3}{2} \end{array}$$

(3) $A^{-1} = \begin{pmatrix} -1 & 0 & -1 \\ -13 & 1 & -5 \\ 2 & 0 & 1 \end{pmatrix}$,

$\begin{pmatrix} x \\ y \\ z \end{pmatrix} = \begin{pmatrix} 1 \\ -1 \\ 2 \end{pmatrix}$

$$\begin{array}{ccc|ccc} 1 & 0 & 1 & 1 & 0 & 0 \\ 3 & 1 & 8 & 0 & 1 & 0 \\ -2 & 0 & -1 & 0 & 0 & 1 \end{array}$$

$$\begin{array}{ccc|ccc} 1 & 0 & 1 & 1 & 0 & 0 \\ 0 & 1 & 5 & -3 & 1 & 0 \\ 0 & 0 & 1 & 2 & 0 & 1 \end{array}$$

$$\begin{array}{ccc|ccc} 1 & 0 & 0 & -1 & 0 & -1 \\ 0 & 1 & 0 & -13 & 1 & -5 \\ 0 & 0 & 1 & 2 & 0 & 1 \end{array}$$

3. (1) $\begin{pmatrix} 2 & 3 \\ 4 & 1 \end{pmatrix} \sim \begin{pmatrix} 2 & 3 \\ 0 & -5 \end{pmatrix}$

$\sim \begin{pmatrix} 2 & 0 \\ 0 & 1 \end{pmatrix} \sim \begin{pmatrix} 1 & 0 \\ 0 & 1 \end{pmatrix}$

rank $A = 2$

(2) $\begin{pmatrix} 0 & 1 & 0 \\ 1 & 0 & 1 \\ 0 & 1 & 0 \end{pmatrix} \sim \begin{pmatrix} 1 & 0 & 1 \\ 0 & 1 & 0 \\ 0 & 1 & 0 \end{pmatrix}$

$\sim \begin{pmatrix} 1 & 0 & 1 \\ 0 & 1 & 0 \\ 0 & 0 & 0 \end{pmatrix} \sim \begin{pmatrix} 1 & 0 \\ 0 & 1 \end{pmatrix}$

rank $A = 2$

(3) $\begin{pmatrix} 1 & -1 & 0 \\ -1 & 0 & 1 \\ 2 & 1 & -2 \\ -3 & 5 & -4 \end{pmatrix} \sim \begin{pmatrix} 1 & -1 & 0 \\ 0 & -1 & 1 \\ 0 & 3 & -2 \\ 0 & 2 & -4 \end{pmatrix}$

$\sim \begin{pmatrix} 1 & 0 & -1 \\ 0 & 1 & -1 \\ 0 & 0 & 1 \\ 0 & 0 & -2 \end{pmatrix}$

練習問題の解答

$$\sim \begin{pmatrix} 1 & 0 & -1 \\ 0 & 1 & -1 \\ 0 & 0 & 1 \\ 0 & 0 & 0 \end{pmatrix}$$

$$\sim \begin{pmatrix} 1 & 0 & 0 \\ 0 & 1 & 0 \\ 0 & 0 & 1 \end{pmatrix}$$

$\mathrm{rank}(A) = 3$

4. (1) $\begin{pmatrix} x \\ y \\ z \end{pmatrix} = \begin{pmatrix} -5 \\ \dfrac{9}{2} \\ 0 \end{pmatrix} + \begin{pmatrix} 4 \\ -\dfrac{9}{2} \\ 1 \end{pmatrix} c$

(c は任意定数)

x	y	z	定数項
1	2	5	4
3	4	6	3
3	2	-3	-6
1	2	5	4
0	-2	-9	-9
0	-4	-18	-18
1	2	5	4
0	1	$\dfrac{9}{2}$	$\dfrac{9}{2}$
0	-4	-18	-18
1	0	-4	-5
0	1	$\dfrac{9}{2}$	$\dfrac{9}{2}$
0	0	0	0

(2) $\begin{pmatrix} x \\ y \\ z \\ w \end{pmatrix} = \begin{pmatrix} -5 \\ -1 \\ 7 \\ 0 \end{pmatrix} + \begin{pmatrix} -6 \\ 0 \\ 5 \\ 1 \end{pmatrix} c$

(c は任意定数)

x	y	z	w	定数項
1	-3	1	1	5
3	-8	2	8	7
4	-2	3	9	3
3	8	4	-2	5
1	-3	1	1	5
0	1	-1	5	-8
0	10	-1	5	-17
0	17	1	-5	-10

1	0	-2	16	-19
0	1	-1	5	-8
0	0	9	-45	63
0	0	18	-90	126
1	0	-2	16	-19
0	1	-1	5	-8
0	0	1	-5	7
0	0	18	-90	126
1	0	0	6	-5
0	1	0	0	-1
0	0	1	-5	7
0	0	0	0	0

5. (1) 解なし $r(A) \neq r(A, \vec{b})$

x	y	定数項
2	-3	-2
2	1	1
3	2	1
1	$-\dfrac{3}{2}$	-1
2	1	1
3	2	1
1	$-\dfrac{3}{2}$	-1
0	4	3
0	$\dfrac{13}{2}$	4
1	$-\dfrac{3}{2}$	-1
0	1	$\dfrac{3}{4}$
0	$\dfrac{13}{2}$	1
1	0	$\dfrac{1}{8}$
0	1	$\dfrac{3}{4}$
0	0	$-\dfrac{39}{8}$

(2) 解は $r(A) = r(A\vec{b}) = 2 < (n = 3)$ より, 不定解となる.

$\begin{pmatrix} x \\ y \\ z \end{pmatrix} = \begin{pmatrix} 2 \\ -1 \\ 0 \end{pmatrix} + \begin{pmatrix} -\dfrac{7}{2} \\ \dfrac{3}{2} \\ 1 \end{pmatrix} c$

(c は任意定数)

x	y	z	定数項
2	0	7	4
1	1	2	1
3	3	6	3
1	0	$\frac{7}{2}$	2
1	1	2	1
3	3	6	3
1	0	$\frac{7}{2}$	2
0	1	$-\frac{3}{2}$	-1
0	0	0	0

(3) $r(A) = r(A\vec{b})$ で解があり，さらに，これは未知数の個数 $n=3$ にも等しい．すなわち，$r(A) = r(A\vec{b}) = 3$ よりただ1つの解をもつ．

$$\begin{pmatrix} x \\ y \\ z \end{pmatrix} = \begin{pmatrix} 2 \\ -1 \\ 1 \end{pmatrix}$$

x	y	z	定数項
1	0	1	3
0	1	-2	-3
1	-1	4	7
5	2	5	13
-1	2	1	-3
1	0	1	3
0	1	-2	-3
0	-1	3	4
0	2	0	-2
0	2	2	0
1	0	1	3
0	1	-2	-3
0	0	1	1
0	0	4	4
0	0	6	6
1	0	0	2
0	1	0	-1
0	0	1	1
0	0	0	0
0	0	0	0

6. (1) ただ1つの解をもつためには，未知数の個数 $n = 3$ とするとき，$r(A) = r(A\vec{b}) = n$，よって，$a+7 = 0$，$a = -7$

$$\begin{pmatrix} x \\ y \\ z \end{pmatrix} = \begin{pmatrix} 1 \\ -3 \\ 2 \end{pmatrix}$$

x	y	z	定数項
1	-1	1	6
-1	1	1	-2
2	0	2	6
-1	1	0	-4
1	2	-1	a
1	-1	1	6
0	0	2	4
0	2	0	-6
0	0	1	2
0	3	-2	$a-6$
1	-1	1	6
0	2	0	-6
0	0	2	4
0	0	1	2
0	3	-2	$a-6$
1	-1	1	6
0	1	0	-3
0	0	2	4
0	0	1	2
0	3	-2	$a-6$
1	0	1	3
0	1	0	-3
0	0	2	4
0	0	1	2
0	0	-2	$a+3$
1	0	1	3
0	1	0	-3
0	0	1	2
0	0	1	2
0	0	-2	$a+3$
1	0	0	1
0	1	0	-3
0	0	1	2
0	0	0	0
0	0	0	$a+7$

(2) 同様にして，$r(A) = r(A\vec{b}) = 3$
$a+9 = 0, b-4 = 0$，よって $a = -9, b = 4$

$$\begin{pmatrix} x \\ y \\ z \end{pmatrix} = \begin{pmatrix} 1 \\ 2 \\ -4 \end{pmatrix}$$

練習問題の解答

x	y	z	定数項
1	1	1	-1
1	-1	-1	3
-1	2	-1	7
-1	0	2	a
2	3	1	b
1	1	1	-1
0	-2	-2	4
0	3	0	6
0	1	3	$a-1$
0	1	-1	$b+2$
1	1	1	-1
0	1	1	-2
0	3	0	6
0	1	3	$a-1$
0	1	-1	$b+2$
1	0	0	1
0	1	1	-2
0	0	-3	12
0	0	2	$a+1$
0	0	-2	$b+4$
1	0	0	1
0	1	1	-2
0	0	1	-4
0	0	2	$a+1$
0	0	-2	$b+4$
1	0	0	1
0	1	0	2
0	0	1	-4
0	0	0	$a+9$
0	0	0	$b-4$

7. (1) 解をもつためには $r(A) = r(A\vec{b})$ より $-4a - 8 = 0$，よって $a = -2$

$$\begin{pmatrix} x \\ y \\ z \end{pmatrix} = \begin{pmatrix} -3 \\ 0 \\ 0 \end{pmatrix} + \begin{pmatrix} 1 \\ 1 \\ 1 \end{pmatrix} c$$

（c は任意定数）

x	y	z	定数項
1	0	-1	$4a+5$
1	2	-3	$2a+1$
1	1	-2	$a-1$
1	0	-1	$4a+5$
0	2	-2	$-2a-4$
0	1	-1	$-3a-6$

1	0	-1	$4a+5$
0	1	-1	$-a-2$
0	1	-1	$-3a-6$
1	0	-1	$4a+5$
0	1	-1	$-a-2$
0	0	0	$-4a-8$

(2) $r(A) = r(A\vec{b})$ より $-2 - a = 0$，よって $a = -2$

$$\begin{pmatrix} x \\ y \\ z \end{pmatrix} = \begin{pmatrix} 16 \\ -10 \\ 0 \end{pmatrix} + \begin{pmatrix} 7 \\ -5 \\ 1 \end{pmatrix} c$$

（c は任意定数）

8. $\begin{vmatrix} 2 & 1-a \\ a & -3 \end{vmatrix} = 0$ とおいて $a = -2, \ 3$

9. (1) $(x, y) = (2, 1)$
(2) $(x, y, z) = (2, -1, 3)$
(3) $(x, y, z) = (1, 2, 3)$

第 5 章

1. 変換を表す行列

$$A = \begin{pmatrix} \dfrac{5}{3} & -\dfrac{1}{3} \\ -\dfrac{1}{3} & \dfrac{5}{3} \end{pmatrix}$$

を用いて $\begin{pmatrix} 7 \\ 5 \end{pmatrix}$

2. (1) $y = 3x$
(2) 直線 $2x - y = 2$ 上のすべての点は，変換によって定点 $(2, 6)$ に移される．

3. (1) 直線 $x + 2y = 5$
(2) 放物線 $x = -y^2$

4. (1) 直線 $y = \dfrac{1}{3}x$ をベクトル表示する．

$$\begin{pmatrix} x \\ y \end{pmatrix} = \begin{pmatrix} 3 \\ 1 \end{pmatrix} t$$

次に回転をする．

$$\begin{pmatrix} x \\ y \end{pmatrix} = \begin{pmatrix} \cos\left(\dfrac{\pi}{4}\right) & -\sin\left(\dfrac{\pi}{4}\right) \\ \sin\left(\dfrac{\pi}{4}\right) & \cos\left(\dfrac{\pi}{4}\right) \end{pmatrix} \begin{pmatrix} 3 \\ 1 \end{pmatrix} t$$

$$= \begin{pmatrix} \dfrac{1}{\sqrt{2}} & -\dfrac{1}{\sqrt{2}} \\ \dfrac{1}{\sqrt{2}} & \dfrac{1}{\sqrt{2}} \end{pmatrix} \begin{pmatrix} 3 \\ 1 \end{pmatrix} t$$

$$\begin{pmatrix} x \\ y \end{pmatrix} = \begin{pmatrix} \frac{2}{\sqrt{2}} \\ \frac{4}{\sqrt{2}} \end{pmatrix} t$$

t を消去して $y = 2x$

(2) $y = -3(x + \sqrt{2})$

5. (1) $\begin{pmatrix} 1 & -2 \\ -3 & 0 \end{pmatrix} \begin{pmatrix} 2 \\ 1 \end{pmatrix} = \begin{pmatrix} -3 \\ -3 \end{pmatrix}$

(2) 直線：$y = 2x + 1$ をベクトル表示する．

$$\begin{pmatrix} x \\ y \end{pmatrix} = \begin{pmatrix} 0 \\ 1 \end{pmatrix} + \begin{pmatrix} 1 \\ 2 \end{pmatrix} t$$

よって

$$\begin{pmatrix} x \\ y \end{pmatrix} = \begin{pmatrix} 1 & -2 \\ -3 & 0 \end{pmatrix} \begin{pmatrix} 0 \\ 1 \end{pmatrix}$$
$$+ \begin{pmatrix} 1 & -2 \\ -3 & 0 \end{pmatrix} \begin{pmatrix} 1 \\ 2 \end{pmatrix} t$$

$$\begin{pmatrix} x \\ y \end{pmatrix} = \begin{pmatrix} -2 \\ 0 \end{pmatrix} + \begin{pmatrix} -3 \\ -3 \end{pmatrix} t$$

t を消去して, $x - y = -2$

(3) $\begin{pmatrix} x' \\ y' \end{pmatrix} = \begin{pmatrix} 1 & -2 \\ -3 & 0 \end{pmatrix} \begin{pmatrix} 1 \\ a \end{pmatrix}$
$= \begin{pmatrix} 1 - 2a \\ -3 \end{pmatrix}$

この点は直線 $y = ax$ 上にあることから

$$-3 = a(1 - 2a)$$
$$2a^2 - a - 3 = 0$$
$$\therefore \ a = -1, \frac{3}{2}$$

6. x 軸に関する対称移動を表す行列

$$A = \begin{pmatrix} 1 & 0 \\ 0 & -1 \end{pmatrix}$$

直線 $y = x$ に関する対称移動を表す行列

$$B = \begin{pmatrix} 0 & 1 \\ 1 & 0 \end{pmatrix}$$

変換の合成をつくると次のようになる．

$$B \cdot A = \begin{pmatrix} 0 & 1 \\ 1 & 0 \end{pmatrix} \begin{pmatrix} 1 & 0 \\ 0 & -1 \end{pmatrix} = \begin{pmatrix} 0 & -1 \\ 1 & 0 \end{pmatrix}$$
$$= \begin{pmatrix} \cos\left(\frac{\pi}{2}\right) & -\sin\left(\frac{\pi}{2}\right) \\ \sin\left(\frac{\pi}{2}\right) & \cos\left(\frac{\pi}{2}\right) \end{pmatrix}$$

よって回転角は $90°$

7. (1) 回転角 $-45° = -\frac{\pi}{4}$ の変換を表す行列

$$A = \begin{pmatrix} \cos\left(\frac{-\pi}{4}\right) & -\sin\left(\frac{-\pi}{4}\right) \\ \sin\left(\frac{-\pi}{4}\right) & \cos\left(\frac{-\pi}{4}\right) \end{pmatrix}$$

回転角 $30° = \frac{\pi}{6}$ の変換を表す行列

$$B = \begin{pmatrix} \cos\left(\frac{\pi}{6}\right) & -\sin\left(\frac{\pi}{6}\right) \\ \sin\left(\frac{\pi}{6}\right) & \cos\left(\frac{\pi}{6}\right) \end{pmatrix}$$

$$B \cdot A = \begin{pmatrix} \cos\left(\frac{\pi}{6}\right) & -\sin\left(\frac{\pi}{6}\right) \\ \sin\left(\frac{\pi}{6}\right) & \cos\left(\frac{\pi}{6}\right) \end{pmatrix}$$
$$\cdot \begin{pmatrix} \cos\left(\frac{-\pi}{4}\right) & -\sin\left(\frac{-\pi}{4}\right) \\ \sin\left(\frac{-\pi}{4}\right) & \cos\left(\frac{-\pi}{4}\right) \end{pmatrix}$$
$$= \frac{1}{4} \begin{pmatrix} \sqrt{6} + \sqrt{2} & \sqrt{6} - \sqrt{2} \\ \sqrt{2} - \sqrt{6} & \sqrt{2} + \sqrt{6} \end{pmatrix}$$

(2) $\frac{1}{4} \begin{pmatrix} \sqrt{6} + \sqrt{2} & \sqrt{6} - \sqrt{2} \\ \sqrt{2} - \sqrt{6} & \sqrt{2} + \sqrt{6} \end{pmatrix} \begin{pmatrix} 1 \\ 1 \end{pmatrix}$
$= \frac{1}{2} \begin{pmatrix} \sqrt{6} \\ \sqrt{2} \end{pmatrix}$

第 6 章

1. (1) 固有値は $\lambda = -1, 2$
固有ベクトルは

$\lambda = -1$ のとき 　　$\lambda = 2$ のとき
$\begin{pmatrix} x \\ y \end{pmatrix} = \begin{pmatrix} 1 \\ 1 \end{pmatrix} c$ 　$\begin{pmatrix} x \\ y \end{pmatrix} = \begin{pmatrix} 4 \\ 1 \end{pmatrix} c$

(c は任意定数)

(2) 固有値は $\lambda = -1, 2$
固有ベクトルは

$\lambda = -1$ のとき 　　$\lambda = 2$ のとき
$\begin{pmatrix} x \\ y \end{pmatrix} = \begin{pmatrix} 1 \\ 2 \end{pmatrix} c$ 　$\begin{pmatrix} x \\ y \end{pmatrix} = \begin{pmatrix} 1 \\ 1 \end{pmatrix} c$

(c は任意定数)

2. (1) 固有値は $\lambda = 1, 2, 3$
固有ベクトルは

練習問題の解答

$\lambda = 1$ のとき $\quad$ $\lambda = 2$ のとき

$$\begin{pmatrix} x \\ y \\ z \end{pmatrix} = \begin{pmatrix} 1 \\ 1 \\ 1 \end{pmatrix} c \qquad \begin{pmatrix} x \\ y \\ z \end{pmatrix} = \begin{pmatrix} 2 \\ 0 \\ 1 \end{pmatrix} c$$

$\lambda = 3$ のとき

$$\begin{pmatrix} x \\ y \\ z \end{pmatrix} = \begin{pmatrix} 1 \\ 3 \\ 1 \end{pmatrix} c$$

(c は任意定数)

(2) 固有値は $\lambda = -2, 1, 2$
固有ベクトルは

$\lambda = -2$ のとき $\quad$ $\lambda = 1$ のとき

$$\begin{pmatrix} x \\ y \\ z \end{pmatrix} = \begin{pmatrix} 1 \\ -1 \\ -1 \end{pmatrix} c \qquad \begin{pmatrix} x \\ y \\ z \end{pmatrix} = \begin{pmatrix} 1 \\ -1 \\ 2 \end{pmatrix} c$$

$\lambda = 2$ のとき

$$\begin{pmatrix} x \\ y \\ z \end{pmatrix} = \begin{pmatrix} 1 \\ 1 \\ 1 \end{pmatrix} c$$

(c は任意定数)

3. $P = \begin{pmatrix} -1 & 1 & 1 \\ 1 & -1 & 0 \\ 0 & 1 & 1 \end{pmatrix}$

$P^{-1}AP = \begin{pmatrix} 1 & 0 & 0 \\ 0 & 2 & 0 \\ 0 & 0 & 3 \end{pmatrix}$

4. (1) $U = \dfrac{1}{\sqrt{5}} \begin{pmatrix} 1 & 2 \\ -2 & 1 \end{pmatrix} \quad {}^tUAU = \begin{pmatrix} -2 & 0 \\ 0 & 3 \end{pmatrix}$

(2) $U = \dfrac{1}{\sqrt{2}} \begin{pmatrix} 1 & 1 \\ -1 & 1 \end{pmatrix} \quad {}^tUAU = \begin{pmatrix} 1 & 0 \\ 0 & 3 \end{pmatrix}$

5. (1) $U = \dfrac{1}{3} \begin{pmatrix} 2 & 2 & -1 \\ 2 & -1 & 2 \\ 1 & -2 & -2 \end{pmatrix}$

${}^tUAU = \begin{pmatrix} -1 & 0 & 0 \\ 0 & 2 & 0 \\ 0 & 0 & 5 \end{pmatrix}$

(2) $U = \begin{pmatrix} \dfrac{1}{\sqrt{3}} & \dfrac{1}{\sqrt{2}} & -\dfrac{1}{\sqrt{6}} \\ -\dfrac{1}{\sqrt{3}} & \dfrac{1}{\sqrt{2}} & \dfrac{1}{\sqrt{6}} \\ \dfrac{1}{\sqrt{3}} & 0 & \dfrac{2}{\sqrt{6}} \end{pmatrix}$

${}^tUAU = \begin{pmatrix} 2 & 0 & 0 \\ 0 & 3 & 0 \\ 0 & 0 & -1 \end{pmatrix}$

6. (1) $\dfrac{1}{3} \begin{pmatrix} 1 + 2 \cdot 0.4^n & 2 - 2 \cdot 0.4^n \\ 1 - 0.4^n & 2 + 0.4^n \end{pmatrix}$

(2) $\begin{pmatrix} 3 - 2^{n+1} & -5 + 3 \cdot 2^{n+1} - 3^n & 3 - 2^{n+2} + 3^n \\ 3 - 3 \cdot 2^n & -5 + 9 \cdot 2^n - 3^{n+1} & 3 - 3 \cdot 2^{n+1} + 3^{n+1} \\ 3 - 3 \cdot 2^n & -5 + 9^2 \cdot 2^n - 4 \cdot 3^n & 3 - 3 \cdot 2^{n+1} + 4 \cdot 3^n \end{pmatrix}$

付録

公式集

[1] ベクトル

1 基本ベクトル表示と大きさ $|\vec{a}|$

基本ベクトルを $\vec{e_1}, \vec{e_2}, \vec{e_3}$ とするとき
- $\vec{a} = a_1\vec{e_1} + a_2\vec{e_2} + a_3\vec{e_3}$
- $|\vec{a}| = \sqrt{a_1{}^2 + a_2{}^2 + a_3{}^2}$

2 2点 $A(x_1, y_1, z_1)$, $B(x_2, y_2, z_2)$ を結ぶベクトル

- $\overrightarrow{AB} = (x_2 - x_1)\vec{e_1} + (y_2 - y_1)\vec{e_2} + (z_2 - z_1)\vec{e_3}$
- $|\overrightarrow{AB}| = \sqrt{(x_2 - x_1)^2 + (y_2 - y_1)^2 + (z_2 - z_1)^2}$

3 ベクトルの和・差・実数倍の計算法則

1) 交換法則　$\vec{a} + \vec{b} = \vec{b} + \vec{a}$
2) 結合法則　$(\vec{a} + \vec{b}) + \vec{c} = \vec{a} + (\vec{b} + \vec{c})$
3) $k(l\vec{a}) = (kl)\vec{a}$　(k, l は実数)
4) 分配法則　$(k + l)\vec{a} = k\vec{a} + l\vec{a}$,　$k(\vec{a} + \vec{b}) = k\vec{a} + k\vec{b}$

4 ベクトルの平行条件と垂直条件

$\vec{a} = (a_1, a_2, a_3)$, $\vec{b} = (b_1, b_2, b_3)$ とし, $\vec{a} \neq \vec{0}$, $\vec{b} \neq \vec{0}$ とすれば

- 平行条件

$$\vec{a} \parallel \vec{b} \iff \vec{a} = k\vec{b}$$

$$\vec{a} \parallel \vec{b} \iff \frac{a_1}{b_1} = \frac{a_2}{b_2} = \frac{a_3}{b_3}$$

- 垂直条件

$$\vec{a} \perp \vec{b} \iff \vec{a} \cdot \vec{b} = 0$$

5 ベクトルの1次独立と1次従属

1次関係式

$$k_1\vec{a_1} + k_2\vec{a_2} + \cdots + k_n\vec{a_n} = \vec{0}$$

- $k_1 = k_2 = \cdots = k_n = 0$ のときに限って成り立つとき, $\vec{a_1}, \vec{a_2}, \ldots, \vec{a_n}$ は1次独立
- 1つは 0 ではない k に対して成り立つときは1次従属

6 ベクトルの内積

$$\vec{a} \cdot \vec{b} = |\vec{a}||\vec{b}|\cos\theta$$

$$\vec{a} \cdot \vec{b} = a_1b_1 + a_2b_2 + a_3b_3$$

$\vec{a}$ と $\vec{b}$ のなす角を θ とすると

$$\cos\theta = \frac{\vec{a} \cdot \vec{b}}{|\vec{a}| \cdot |\vec{b}|}$$

$$= \frac{a_1b_1 + a_2b_2 + a_3b_3}{\sqrt{a_1{}^2 + a_2{}^2 + a_3{}^2}\sqrt{b_1{}^2 + b_2{}^2 + b_3{}^2}}$$

7 ベクトルの外積

平行でない2つのベクトルを $\vec{a}, \vec{b}$ とすると, 外積 $\vec{c}$ は

$$\vec{a} \times \vec{b} = \vec{c}$$

- $\vec{c}$ の方向はベクトル $\vec{a}, \vec{b}$ で作られる面に垂直
- 向きは右ネジを $\vec{a}$ から $\vec{b}$ に回したとき, ネジの進む方向
- $\vec{c}$ の大きさ $|\vec{c}| = |\vec{a}||\vec{b}|\sin\theta$

[2] 行列

1 行列の和・差・実数倍の計算法則

行列 A, B, C を $m \times n$ 型, 零行列 O を $m \times n$ 型, k, l を定数とすると

1) 交換法則　$A + B = B + A$
2) 結合法則　$(A + B) + C = A + (B + C)$
3) $A + O = O + A = A$
4) $A + (-A) = (-A) + A = O$
5) 結合法則　$k(lA) = (kl)A$

6) 分配法則　$(k+l)A = kA + lA,\ k(A+B) = kA + kB$

7) $1A = A,\ (-1)A = -A$

8) $OA = O,\ kO = O$

2　行列の積に関する計算法則

行列を A, B, C,単位行列を I,零行列を O とすると

1) 結合法則　$A(BC) = (AB)C$
2) 分配法則　$(A+B)C = AC + BC$,
   $A(B+C) = AB + AC$
3) $(kA)B = A(kB) = k(AB)$　（k は実数）
4) 零行列との積　$OA = O,\ AO = O$
5) 単位行列 I との積　$IA = A,\ AI = A$

なお,行列の積では一般に交換法則は成り立たない.

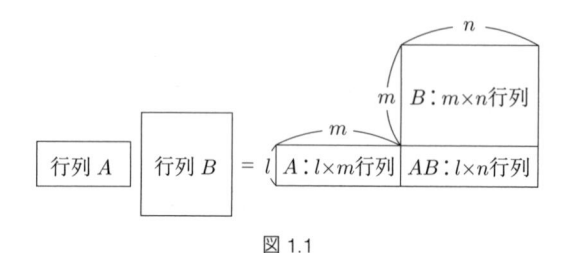

図 1.1

3　2次の正方行列の逆行列

行列 $A = \begin{pmatrix} a & b \\ c & d \end{pmatrix}$

- $ad - bc \neq 0$ のとき,A は正則で,逆行列は

$$A^{-1} = \frac{1}{ad - bc}\begin{pmatrix} d & -b \\ -c & a \end{pmatrix}$$

- $ad - bc = 0$ のとき,A は正則でない.すなわち逆行列が存在しない.

4　ケーリー・ハミルトン（Cayley-Hamilton）の定理

任意の 2 次の正方行列

$$A = \begin{pmatrix} a & b \\ c & d \end{pmatrix}$$

に対して

$$A^2 - (a+d)A + (ad-bc)I = O$$

$(a+d)$ はトレース（trace）,$(ad-bc)$ は行列式

[3]　行列式

1　サラス（Sarrus）の法則

2次：$|A| = \begin{vmatrix} a_{11} & a_{12} \\ a_{21} & a_{22} \end{vmatrix} = a_{11}a_{22} - a_{12}a_{21}$

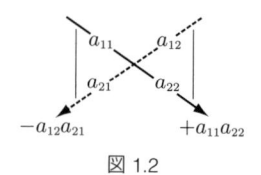

図 1.2

3次：$|A| = \begin{vmatrix} a_{11} & a_{12} & a_{13} \\ a_{21} & a_{22} & a_{23} \\ a_{31} & a_{32} & a_{33} \end{vmatrix}$

$= a_{11}a_{22}a_{33} + a_{12}a_{23}a_{31}$
$\quad + a_{13}a_{21}a_{32} - a_{11}a_{23}a_{32}$
$\quad - a_{12}a_{21}a_{33} - a_{13}a_{22}a_{31}$

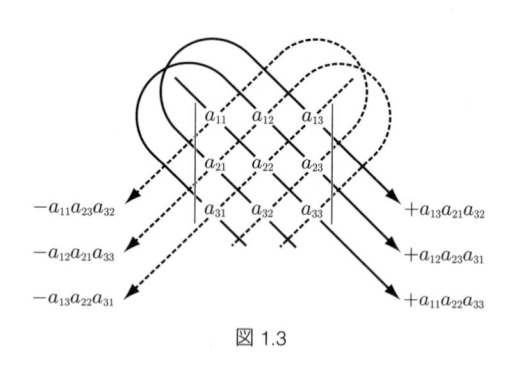

図 1.3

2　行列式の性質

性質 1

行列式の 2 つの行（列）を交換すれば,行列式はその符号を変える.

$$\begin{vmatrix} a_{11} & a_{12} & a_{13} \\ a_{21} & a_{22} & a_{23} \\ a_{31} & a_{32} & a_{33} \end{vmatrix} = -\begin{vmatrix} a_{21} & a_{22} & a_{23} \\ a_{11} & a_{12} & a_{13} \\ a_{31} & a_{32} & a_{33} \end{vmatrix}$$

性質 2

行列式 $|A|$ の行と列を入れ替えて作られた転置行列式 $|{}^tA|$ はもとの行列式に等しい.

$$|A| = |{}^tA|$$

$$\begin{vmatrix} a_{11} & a_{12} & a_{13} \\ a_{21} & a_{22} & a_{23} \\ a_{31} & a_{32} & a_{33} \end{vmatrix} = \begin{vmatrix} a_{11} & a_{21} & a_{31} \\ a_{12} & a_{22} & a_{32} \\ a_{13} & a_{23} & a_{33} \end{vmatrix}$$

性質 3

行列式の同じ行（列）が 2 つあれば行列式は 0.

$$\begin{vmatrix} a_{11} & a_{12} & a_{13} \\ a_{11} & a_{12} & a_{13} \\ a_{31} & a_{32} & a_{33} \end{vmatrix} = 0$$

性質 4

行列式の 1 つの行（列）のすべての成分に共通な因数は，行列式の外にくくり出せる．

$$\begin{vmatrix} a_{11} & a_{12} & a_{13} \\ ka_{21} & ka_{22} & ka_{23} \\ a_{31} & a_{32} & a_{33} \end{vmatrix} = k \begin{vmatrix} a_{11} & a_{12} & a_{13} \\ a_{21} & a_{22} & a_{23} \\ a_{31} & a_{32} & a_{33} \end{vmatrix}$$

$$\begin{vmatrix} ka_{11} & a_{12} & a_{13} \\ ka_{21} & a_{22} & a_{23} \\ ka_{31} & a_{32} & a_{33} \end{vmatrix} = k \begin{vmatrix} a_{11} & a_{12} & a_{13} \\ a_{21} & a_{22} & a_{23} \\ a_{31} & a_{32} & a_{33} \end{vmatrix}$$

性質 5

行列式の 1 つの行（列）のすべての成分が 0 であれば，その行列式は 0.

$$\begin{vmatrix} a_{11} & a_{12} & a_{13} \\ 0 & 0 & 0 \\ a_{31} & a_{32} & a_{33} \end{vmatrix} = 0$$

$$\begin{vmatrix} 0 & a_{12} & a_{13} \\ 0 & a_{22} & a_{23} \\ 0 & a_{32} & a_{33} \end{vmatrix} = 0$$

性質 6

行列式の 1 つの行（列）のすべての成分が 2 数の和であるとき，この行列式はその行（列）の成分を 2 つに分けてできる 2 つの行列式の和で表される．

$$\begin{vmatrix} a_{11} & a_{12} & a_{13} \\ a_{21} & a_{22} & a_{23} \\ a_{31}+b_1 & a_{32}+b_2 & a_{33}+b_3 \end{vmatrix}$$
$$= \begin{vmatrix} a_{11} & a_{12} & a_{13} \\ a_{21} & a_{22} & a_{23} \\ a_{31} & a_{32} & a_{33} \end{vmatrix} + \begin{vmatrix} a_{11} & a_{12} & a_{13} \\ a_{21} & a_{22} & a_{23} \\ b_1 & b_2 & b_3 \end{vmatrix}$$

性質 7

行列式の 2 つの行（列）が比例するとき，その行列式の値は 0. 第 1 行と第 2 行が比例していて，その比例定数を k とする．

$$\frac{a_{11}}{a_{21}} = \frac{a_{12}}{a_{22}} = \frac{a_{13}}{a_{23}} = k$$

$$\begin{vmatrix} a_{11} & a_{12} & a_{13} \\ a_{21} & a_{22} & a_{23} \\ a_{31} & a_{32} & a_{33} \end{vmatrix} = \begin{vmatrix} ka_{21} & ka_{22} & ka_{23} \\ a_{21} & a_{22} & a_{23} \\ a_{31} & a_{32} & a_{33} \end{vmatrix}$$

$$= k \begin{vmatrix} a_{21} & a_{22} & a_{23} \\ a_{21} & a_{22} & a_{23} \\ a_{31} & a_{32} & a_{33} \end{vmatrix} = 0$$

性質 8

1 つの行（列）の各成分に，他の行（列）の成分に比例する数 (k) を加えてもその行列式の値は変わらない．

$$\begin{vmatrix} a_{11} & a_{12} & a_{13} \\ a_{21} & a_{22} & a_{23} \\ a_{31} & a_{32} & a_{33} \end{vmatrix}$$
$$= \begin{vmatrix} a_{11}+ka_{21} & a_{12}+ka_{22} & a_{13}+ka_{23} \\ a_{21} & a_{22} & a_{23} \\ a_{31} & a_{32} & a_{33} \end{vmatrix}$$
$$= \begin{vmatrix} a_{11} & a_{12} & a_{13} \\ a_{21} & a_{22} & a_{23} \\ a_{31} & a_{32} & a_{33} \end{vmatrix} + k \begin{vmatrix} a_{21} & a_{22} & a_{23} \\ a_{21} & a_{22} & a_{23} \\ a_{31} & a_{32} & a_{33} \end{vmatrix}$$
$$= \begin{vmatrix} a_{11} & a_{12} & a_{13} \\ a_{21} & a_{22} & a_{23} \\ a_{31} & a_{32} & a_{33} \end{vmatrix}$$

性質 9

行列が三角行列ならば，その行列式は主対角線上の成分の積．

$$\begin{vmatrix} a_{11} & a_{12} & a_{13} \\ 0 & a_{22} & a_{23} \\ 0 & 0 & a_{33} \end{vmatrix} = a_{11} \cdot a_{22} \cdot a_{33}$$

性質 10

同じ次数の正方行列の積の行列式 $|AB|$ は，それぞれの行列の行列式の積 $|A| \cdot |B|$ に等しい．

$$|AB| = |A| \cdot |B|$$

3　行列式の展開

4 次の行列式

$$|A| = \begin{vmatrix} a_{11} & a_{12} & a_{13} & a_{14} \\ a_{21} & a_{22} & a_{23} & a_{24} \\ a_{31} & a_{32} & a_{33} & a_{34} \\ a_{41} & a_{42} & a_{43} & a_{44} \end{vmatrix}$$

$$= a_{11} \begin{vmatrix} a_{22} & a_{23} & a_{24} \\ a_{32} & a_{33} & a_{34} \\ a_{42} & a_{43} & a_{44} \end{vmatrix}$$

$$- a_{12} \begin{vmatrix} a_{21} & a_{23} & a_{24} \\ a_{31} & a_{33} & a_{34} \\ a_{41} & a_{43} & a_{44} \end{vmatrix}$$

$$+ a_{13} \begin{vmatrix} a_{21} & a_{22} & a_{24} \\ a_{31} & a_{32} & a_{34} \\ a_{41} & a_{42} & a_{44} \end{vmatrix}$$

$$- a_{14} \begin{vmatrix} a_{21} & a_{22} & a_{23} \\ a_{31} & a_{32} & a_{33} \\ a_{41} & a_{42} & a_{43} \end{vmatrix}$$

$$= a_{11}D_{11} - a_{12}D_{12} + a_{13}D_{13} - a_{14}D_{14}$$

$$= a_{11}A_{11} + a_{12}A_{12} + a_{13}A_{13} + a_{14}A_{14}$$

ただし，余因子 A_{ij} は小行列式 D_{ij} の添え字 i, j の和により符号を定めたものである．

$$A_{ij} = (-1)^{i+j} D_{ij}$$

4　3次の正方行列の逆行列

3次の正方行列 A が正則である $\iff |A| \neq 0$

$$A = \begin{pmatrix} a_{11} & a_{12} & a_{13} \\ a_{21} & a_{22} & a_{23} \\ a_{31} & a_{32} & a_{33} \end{pmatrix}$$

の逆行列は

$$A^{-1} = \frac{1}{|A|} \begin{pmatrix} A_{11} & A_{21} & A_{31} \\ A_{12} & A_{22} & A_{32} \\ A_{13} & A_{23} & A_{33} \end{pmatrix}$$

($A_{11}, A_{21}, A_{31} \cdots$ は行列 A の各成分 $a_{11}, a_{12}, a_{13} \cdots$ の余因子)

[4]　連立1次方程式

1　逆行列を用いた解法

連立1次方程式

$$\begin{cases} a_{11}x_1 + a_{12}x_2 + \ldots + a_{1n}x_n = b_1 \\ a_{21}x_1 + a_{22}x_2 + \ldots + a_{2n}x_n = b_2 \\ \vdots \qquad \vdots \qquad \qquad \vdots \\ a_{m1}x_1 + a_{m2}x_2 + \ldots + a_{mn}x_n = b_m \end{cases}$$

$$A\vec{x} = \vec{b}$$

この式の両辺に左から逆行列 A^{-1} をかけると

$$A^{-1}A\vec{x} = A^{-1}\vec{b}$$

$$\vec{x} = A^{-1}\vec{b}$$

2　連立1次方程式の解の存在と階数

連立1次方程式 $A\vec{x} = \vec{b}$ の拡大係数行列を $(A\vec{b})$ とするとき

$$A\vec{x} = \vec{b} \text{ が解をもつ} \iff \mathrm{rank}(A) = \mathrm{rank}(A\vec{b})$$

3　クラメール（Cramer）の公式

3次の正方行列を係数にもつ連立1次方程式 $A\vec{x} = \vec{b}$ において，$|A| \neq 0$ ならば連立1次方程式の解は

$$x_1 = \frac{1}{|A|} \begin{vmatrix} b_1 & a_{12} & a_{13} \\ b_2 & a_{22} & a_{23} \\ b_3 & a_{32} & a_{33} \end{vmatrix}$$

$$x_2 = \frac{1}{|A|} \begin{vmatrix} a_{11} & b_1 & a_{13} \\ a_{21} & b_2 & a_{23} \\ a_{31} & b_3 & a_{33} \end{vmatrix}$$

$$x_3 = \frac{1}{|A|} \begin{vmatrix} a_{11} & a_{12} & b_1 \\ a_{21} & a_{22} & b_2 \\ a_{31} & a_{32} & b_3 \end{vmatrix}$$

[5]　線形変換

1　1次変換 f の線形性

1) ベクトルの和の像は，各ベクトルの像の和となる．

$$f(\vec{u} + \vec{v}) = f(\vec{u}) + f(\vec{v})$$

2) ベクトルの k 倍の像は，ベクトルの像の k 倍になる．

$$f(k\vec{v}) = kf(\vec{v})$$

逆に，平面上の変換 f が線形性 (1), (2) を満たすとき，f は1次変換．

2　1次変換の行列による表示

1次変換 f による基本ベクトル $\vec{e_1}, \vec{e_2}$ の像が

$$\vec{e_1'} = \begin{pmatrix} a \\ c \end{pmatrix}, \quad \vec{e_2'} = \begin{pmatrix} b \\ d \end{pmatrix}$$

であるとき，f は次の行列で表される．

$$A = \begin{pmatrix} a & b \\ c & d \end{pmatrix}$$

[6] 固有値

1 行列の固有方程式，固有値，固有ベクトル

$$\begin{aligned}|A - \lambda I| &= (a_{11} - \lambda)(a_{22} - \lambda) - a_{12}a_{21} \\ &= \lambda^2 - (a_{11} + a_{22})\lambda + (a_{11}a_{22} - a_{12}a_{21}) \\ &= 0\end{aligned}$$

を行列 A の固有方程式といい，その解を行列 A の固有値 λ という．1つの固有値 λ_i に対して，$(A - \lambda I)\vec{x} = \vec{0}$ で $\lambda = \lambda_i$ として得られる解ベクトル $\vec{p_i}$ を行列 A の固有値 λ_i に属する固有ベクトルという．

2 行列の対角化

3次の正方行列 A の固有値 $\lambda_1, \lambda_2, \lambda_3$ がすべて実数で互いに異なればそれぞれの固有値に属する 0 でない固有ベクトルを $\vec{p_1}, \vec{p_2}, \vec{p_3}$ とするとき

$$\text{行列 } P = \begin{pmatrix} \vec{p_1} & \vec{p_2} & \vec{p_3} \end{pmatrix} = \begin{pmatrix} p_{11} & p_{12} & p_{13} \\ p_{21} & p_{22} & p_{23} \\ p_{31} & p_{32} & p_{33} \end{pmatrix}$$

は正則であり，行列 A は P によって次の対角行列に変換される．

$$P^{-1}AP = \begin{pmatrix} \lambda_1 & 0 & 0 \\ 0 & \lambda_2 & 0 \\ 0 & 0 & \lambda_3 \end{pmatrix}$$

3 対称行列の固有値，固有ベクトル，対角化

- 対称行列 A の固有値はすべて実数
- 異なる固有値に属する固有ベクトルは互いに垂直

3次の対称行列 A の固有値を重複する場合も含めて，$\lambda_1, \lambda_2, \lambda_3$ とし，単位固有ベクトルを $\vec{u_1}, \vec{u_2}, \vec{u_3}$ とするとき

$$U = \begin{pmatrix} \vec{u_1} & \vec{u_2} & \vec{u_3} \end{pmatrix}$$

は直交行列であり，A は U によって次のように対角化される．

$$U^{-1}AU = {}^tUAU = \begin{pmatrix} \lambda_1 & 0 & 0 \\ 0 & \lambda_2 & 0 \\ 0 & 0 & \lambda_3 \end{pmatrix}$$

ギリシャ文字とその読み方

ギリシャ文字		英語表記	読み方
大文字	小文字		
A	α	alpha	アルファ
B	β	béta	ベータ
Γ	γ	gamma	ガンマ
Δ	δ	delta	デルタ
E	ε	epsilon	イプシロン，エプシロン
Z	ζ	zéta	ジータ，ゼータ
H	η	éta	イータ，エータ
Θ	θ	théta	シータ，テータ
I	ι	iota	イオタ
K	κ	kappa	カッパ
Λ	λ	lambda	ラムダ
M	μ	mu	ミュー
N	ν	nu	ニュー
Ξ	ξ	xi	クシー，クサイ
O	o	omicron	オミクロン
Π	π	pi	パイ
P	ρ	rhò	ロー
Σ	σ	sigma	シグマ
T	τ	tau	タウ
Y	υ	upsilon	ウプシロン，ユプシロン
Φ	φ	phi	ファイ
X	χ	chi	カイ
Ψ	ψ	psi	プサイ，プシー
Ω	ω	oméga	オメガ

索 引

数字

1 次関係式　12
1 次結合　12
1 次従属　12
1 次独立　12
1 次変換　91
　── f を表す行列　92

英字

Gauss の消去法　73
pivot　73
Sarrus's law　50

カ行

階数　76
外積　19
可換　35
加減法　70
奇順列　52
逆変換　97
行　25
　── に関する基本変形　40
行列　25
　──, 階段　76
　──, 拡大係数　67
　──, 基本　40
　──, 係数　67
　──, 恒等　27
　──, 三角　28
　──, 正規直交　119
　──, 正則　28
　──, 正方　26

──, 対角　27
──, 対称　28, 111
──, 単位　27
──, 直交　112, 118
──, 転置　27
──, 零　29
行列式　49
──, 1 次の　50
──, 2 次の　49
──, 小　58
偶順列　52
グラム・シュミット　120
クラメールの公式　86
ケーリー・ハミルトンの定理　45
恒等変換　92
固有多項式　108
固有値　105
固有方程式　108

サ行

サラスの法則　50
実数倍　6
始点　1
自明な解　83
終点　1
主対角線　26
シュミットの正規直交化法　120
順列　50
スカラー　4
　── 積　14
　── 倍　6
成分　4, 9
　── 表示　9

線形結合　12
線形変換　91
像　91

タ行

定数項　67
転倒　51
転倒数　51
同次連立 1 次方程式　83
ドット積　14
トレース　45

ナ行

内積　14

ハ行

掃き出し法　73
反転　51
　── 数　51
非自明解　83
平行四辺形の法則　4
ベクトル　1
　──, 2 次元数　10
　──, 3 次元数　10
　──, 位置　3
　──, 基本　9
　──, 逆　2
　──, 行　4
　──, 空間　10
　──, 固有　105
　──, 数　3
　──, 正規化された　2
　──, 縦　4

索 引

——, 単位 *2*
——, 平面 *10*
—— 積 *19*
——, 矢線 *1*
——, 横 *4*
——, 零 *2*
——, 列 *4*
方向 *1*

マ行

マトリックス *25*
右ネジの法則 *19*
向き *1*

ヤ行

有向線分 *1*
余因子 *58*

—— 展開 *59*
余因数 *58*
要素 *4*

ラ行

ランク *76*
列 *25*
—— に関する基本変形 *40*
連立1次方程式 *67*

飯島徹穂(いいじまてつお)（編著）
東京理科大学卒，工学博士（北海道大学）
成蹊大学工学部講師を経て，現在，職業能力開発総合大学校東京校教授
著 書　Ability 大学生の数学リテラシー（共立出版），数の単語帳（共立出版），楽しく学べる基礎数学（工業調査会）編著，工学基礎数学 Part I, II（工業調査会）編著，テクニッシャン・エンジニアのための基礎数学 — 微分・積分編 —（工業調査会）編著，実践技術統計入門（工業調査会）編著，Ability 数学 — 微分積分 —（共立出版）

岩本悌治(いわもとていじ)（著）
東京理科大学卒，東京理科大学数学科専攻科修了
日本工学院八王子専門学校情報処理科勤務を経て，現在，日本工学院八王子専門学校非常勤講師，職業能力開発総合大学校東京校非常勤講師
著 書　Ability 大学生の数学リテラシー（共立出版），コンピュータ技術者のための統計入門（日本理工出版会），実践技術統計入門（工業調査会）共著，楽しく学べる基礎数学（工業調査会）共著

***Ability* 数学 — 線形代数 —** *Ability Mathematics* *—LINEAR ALGEBRA—* 2006 年 12 月 30 日 初版 1 刷発行 2009 年 3 月 5 日 初版 3 刷発行	著 者　飯島徹穂 　　　　岩本悌治　ⓒ 2006 発 行　**共立出版株式会社**/南條光章 　　　　東京都文京区小日向 4-6-19 　　　　電話　03-3947-2511（代表） 　　　　〒112-8700／振替口座 00110-2-57035 　　　　http://www.kyoritsu-pub.co.jp/ 印 刷　藤原印刷 製 本　協栄製本
検印廃止 NDC 411.3 ISBN 4-320-01756-0	社団法人 自然科学書協会 会員 Printed in Japan

JCLS ＜㈱日本著作出版権管理システム委託出版物＞
本書の無断複写は著作権法上での例外を除き禁じられています．複写される場合は，そのつど事前に㈱日本著作出版権管理システム（電話03-3817-5670，FAX 03-3815-8199）の許諾を得てください．

考える力を養い，そして大学の数学にも自然に結びつく数学参考書 登場！

高校数学+α
基礎と論理の物語　　宮腰　忠著

　本書は，"高校生の考える力を養い，そして大学の数学にも自然に結びつく数学参考書はないものか"，そんなことを考えて書き始められた。
　その目的のために，中心課題を数学の基礎に関する論理とその構造に置き，論理を大切にして高校数学の全体を統一的に議論し，その全体像がわかるような書き方に努めている。新たな対象や概念を直感的に納得しやすくするためのイメージ作りも念入りに行い，意識を高めるようにしてある。
　さらに，楽しく読み進められるように工夫をした。その一つは，参考書のような書き方ではなく，物語風の書き方にしたことである。読者はこの書と会話をしながら読み進み，その間に練習問題もさせられる。もう一つは数学の歴史の記述に力を入れたことである。例題や応用にとり上げる問題は，できるだけ意味があるもの，それも歴史的意味があるものを採用している。
　本書は，大学的発想で高校数学を見直し，大学１年次の講義に直結するものとなり，計らずも高校数学と大学数学の断絶を埋める役割を果たすものとなった。高校生や受験生だけでなく，大学にめでたく入学したのはよいが，大学の講義に接してカルチャーショックを受けている大学生にも大いに役立つはずである。
　また，この書は自己完結する形で書かれているので，それこそ"通分の知識"があれば他の参考書なしで読み進められる。数学の面白さは，大袈裟にいうと'思考によって宇宙を組み立てるような感覚'に浸れる充実感だろうか。高校時代の数学は受験勉強だけだったけれど本当は数学が好きだった社会人の皆さんも，単に問題を解くだけの数学から解放された今，本当の数学を楽しんでみてほしい。

CONTENTS

第1章　数
数直線／自然数・整数・有理数／数学の論理／基本公式の導出／数学の論理構造／集合／2進法／実数の小数表示／実数の連続性／整数の性質／素数を利用した暗号

第2章　方程式
未知数・変数／2次方程式／虚数／因数定理

第3章　関数とグラフ
関数の定義／実数と点の1対1対応と座標軸／1次関数・2次関数のグラフ／2次関数のグラフの平行移動／方程式・不等式のグラフ解法／図形の変換／関数の概念の発展

第4章　三角関数
三角関数の定義／三角関数の相互関係／三角関数のグラフ／余弦定理・正弦定理／加法定理

第5章　平面図形とその方程式
曲線の方程式／領域／2次曲線

第6章　指数関数・対数関数
指数関数／対数関数

第7章　平面ベクトル
矢線からベクトルへ／ベクトルの演算／位置ベクトルの基本／ベクトルの1次独立と1次結合／ベクトルと図形（Ⅰ）／ベクトルの内積／ベクトルと図形（Ⅱ）

第8章　空間ベクトル
空間ベクトルの基礎／空間図形の方程式／空間ベクトルの技術

第9章　行列と線形変換
線形変換と行列／行列の一般化／2次曲線と行列の対角化

第10章　複素数
複素数／ド・モアブルの定理／方程式／複素平面状の図形と複素変換

第11章　数列
数列／階差と数列の和／漸化式／数学的帰納法／数列・級数の極限／ゼノンのパラドックスと極限／無限級数の積

第12章　微分－基礎編
0に近づける極限操作／関数の極限／導関数／関数のグラフ／種々の微分法と導関数

第13章　微分－発展編
ロピタルの定理／テイラーの定理と関数の近似式／関数の無限級数表示／複素数の極形式と複素指数関数

第14章　積分
区分求積法／定積分／微積分学の基本定理と原始関数・不定積分／定積分と面積／積分の技術／体積と曲線の長さ／無限級数の項別微分積分／広義積分／微分方程式

第15章　確率・統計
場合の数と確率／確率／期待値と分散／二項分布／正規分布

A5判・584頁・並製本
定価2,625円（税込）

共立出版　http://www.kyoritsu-pub.co.jp/